Thomas Weismann, Elisabeth Licek, Oliver Hochwartner

Krankheiten der heimischen Süßwasserfische

stv

Thomas Weismann, Elisabeth Licek, Oliver Hochwartner

KRANKHEITEN

der heimischen Süßwasserfische

Ursachen und Symptome in Text und Bild

Graz – Stuttgart

Umschlaggestaltung, Layout und Repro:
Werbeagentur Rypka GmbH, 8143 Dobl/Graz, www.rypka.at

Fotonachweis: Fotos Umschlag-Vorderseite: © Thomas Weismann
Bildnachweis:
Alle Abbildungen stammen von Thomas Weismann, ausgenommen jene, die einen Hinweis auf einen anderen Autor im Bildtext enthalten.

Bibliografische Information der Deutschen Nationalbibliothek:
Die Deutsche Nationalbibliothek verzeichnet diese Publikation in der Deutschen Nationalbibliografie; detaillierte bibliografische Daten sind im Internet unter http://dnb.d-nb.de abrufbar.

Hinweis: Dieses Buch wurde auf chlorfrei gebleichtem Papier gedruckt. Die zum Schutz vor Verschmutzung verwendete Einschweißfolie ist aus Polyethylen chlor- und schwefelfrei hergestellt. Diese umweltfreundliche Folie verhält sich grundwasserneutral, ist voll recyclingfähig und verbrennt in Müllverbrennungsanlagen völlig ungiftig.

Auf Wunsch senden wir Ihnen gerne kostenlos unser Verlagsverzeichnis zu:
Leopold Stocker Verlag GmbH
Hofgasse 5/Postfach 438
A-8011 Graz
Tel.: +43 (0)316/82 16 36
Fax: +43 (0)316/83 56 12
E-Mail: stocker-verlag@stocker-verlag.com
www.stocker-verlag.com

ISBN 978-3-7020-2038-5

INHALT

VETERINÄRRAT MAG. MED. VET. THOMAS WEISMANN

Fachtierarzt für Fische im Ruhestand, Scharfling am Mondsee.
Vormals Leiter der Abteilung Fischereibiologie am Institut für Gewässerökologie, Fischereibiologie und Seenkunde – Bundesamt für Wasserwirtschaft (BAW-IGF) in Scharfling am Mondsee (bis 2012); Betreuungstierarzt von Aquakulturbetrieben im Rahmen des Österreichischen Tiergesundheitsdienstes (TGD) und gemäß dem Tierseuchengesetz (bis 2017); Vorsitzender der FTA-Prüfungskommission (bis 2017); Mitglied der AG Fische im TGD.

OR PROF. DR. ELISABETH LICEK

Biologin, Wien.
Im Ruhestand nach Beschäftigung an der Veterinärmedizinischen Universität Wien mit Schwerpunkt Fisch- und Bienenkrankheiten. Mitglied der Fachtierarztprüfungskommission Fische; Mitglied der Fachtierarztprüfungskommission Bienen; Präsidentin der Zoologischen Gesellschaft Österreichs für Tier- und Artenschutz; Vorstandsmitglied im Verein der Freunde des Haus des Meeres in Wien.

DR. OLIVER HOCHWARTNER

Fachtierarzt für Fische, Wien.
Freiberufliche Tätigkeit; Mitglied der Fachtierarztprüfungskommission für Fische; Betreuungstierarzt im österreichischen Fischgesundheitsdienst; Lektor für Fischkrankheiten an der Universität für Bodenkultur, Wien; Branch Officer der Sektion Österreich der EAFP (European Association of Fish Pathologists).

Das Autorenteam bringt viel Erfahrung im Bereich der Fischkrankheiten mit, sei es durch wissenschaftliche Tätigkeit an der Universität und in bundeseigenen Forschungseinrichtungen oder im Rahmen der freiberuflichen fachtierärztlichen Praxis.

Von links: Oliver Hochwartner, Elisabeth Licek, Thomas Weismann
Foto: © Christoph Licek

Vorwort

Nachdem das erste Buch des Autorenteams Hochwartner/Licek/Weismann, „Das ABC der Fischkrankheiten", ausverkauft ist, wurde – auch seitens des Leopold Stocker Verlages – überlegt, ob es eine Neuauflage geben sollte. Sowohl die Autoren als auch der Verlag stellten sich eine ausführlichere Bebilderung vor. Das war deshalb kein Problem, da Thomas Weismann im Zuge seiner tierärztlichen Tätigkeit reichlich Fotomaterial gesammelt und schon länger daran gedacht hatte, dieses, entsprechend beschrieben, interessierten Leserinnen und Lesern zugänglich zu machen. Das nun vorliegende Buch ist beinahe ein Bildband geworden, der ausschließlich erklärende Texte zu den gezeigten Abbildungen enthält. Damit ist die textliche Gesamtheit des Buches zugunsten der Bilder deutlich geringer als im „ABC" und dieses somit auch keine Neuauflage.

Tatsächlich wollen wir diese Publikation als Ergänzung zum „ABC" verstanden wissen. Viele der Aufnahmen sind unter Feldbedingungen entstanden und weisen daher mitunter nicht die beste fototechnische Qualität auf, da das Motiv bzw. die Aussagekraft im Vordergrund standen.

Auch das aktuelle Buch richtet sich an Tierärzte, Biologen, Fischzüchter, Teichwirte, Gewässerbewirtschafter, Koi- und Zierfischfreunde sowie an alle, die an Fischen interessiert sind, – das gilt selbstverständlich für Personen beiderlei Geschlechts.

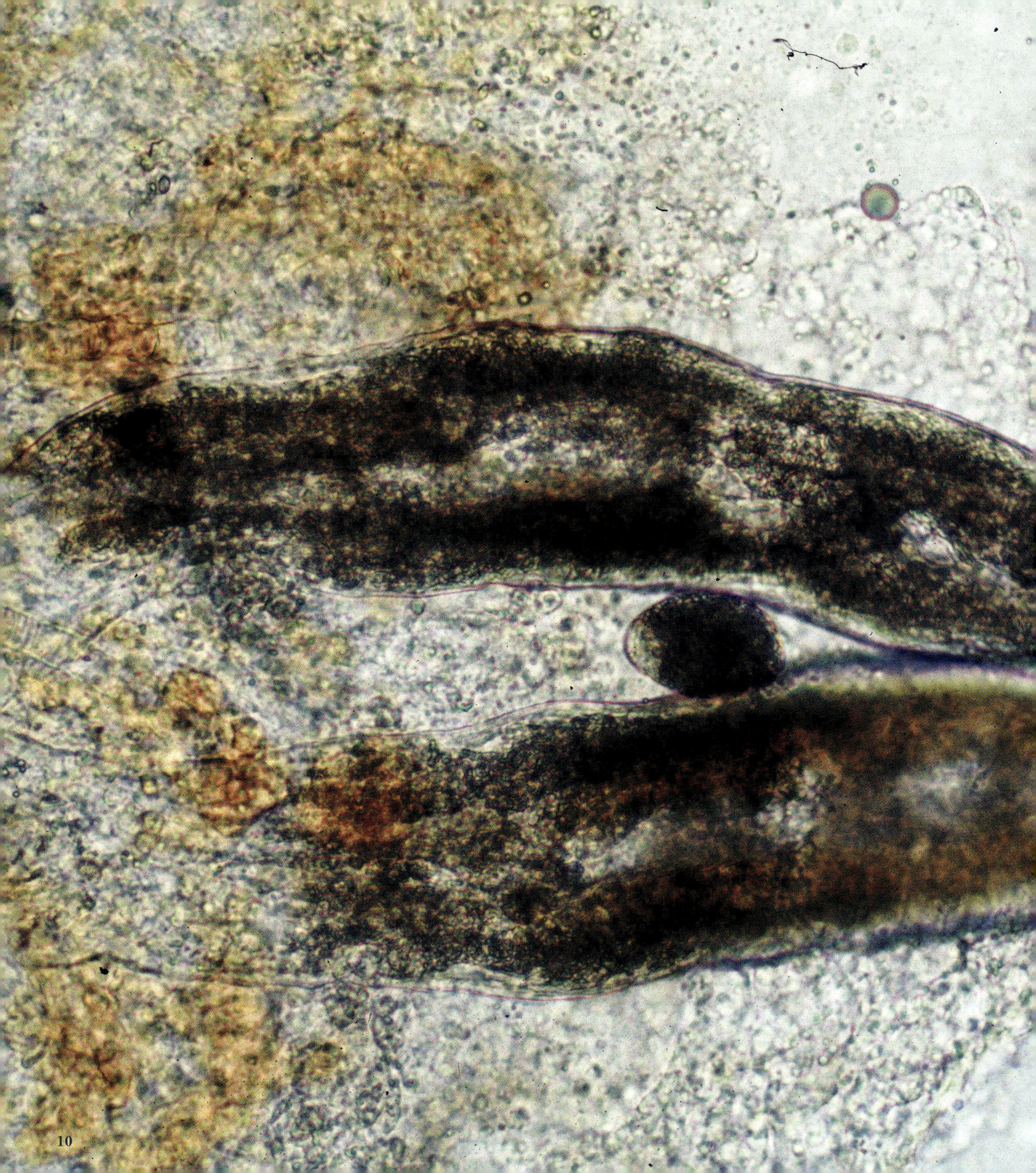

Dactylogyrus sp. auf den Kiemen eines Karpfens; dazwischen eingeklemmt ein *Ichthyophthirius multifiliis* (Trophont); 40-fach vergrößert

ERREGER

1. Virosen

VIREN

Infektiöse Partikel, die zur Vermehrung auf eine lebende Wirtszelle angewiesen sind und Krankheitserreger bei Tieren und Pflanzen sein können.

VIRALE HÄMORRHAGISCHE SEPTIKÄMIE (VHS)

Anzeigepflichtige, hoch ansteckende, verlustreich verlaufende Viruserkrankung verschiedener Salmonidenarten (der Art *Salmo trutta*, Marmorierte Forelle, Pazifische Lachse, Regenbogenforelle, Coregonen, Äsche), des Hechtes und verschiedener mariner Fischarten. Die neue EU-Gesetzgebung listet Bach- und Seesaibling als Überträgerarten. Nach Erfahrung der Autoren sind beide Arten jedoch empfänglich für VHS.

Erreger: VHS-Virus (ein Rhabdovirus)

Krankheitsverlauf: stark temperaturabhängig: akute Verlaufsform mit hohen Verlusten (besonders bei Wassertemperaturen von 7 bis 10 °C); chronische bzw. nervöse Verlaufsform; inapparent (ohne Symptomatik; jedoch sogenannte Carrier, das heißt Virusträger) bei Temperaturen < 4 °C und > 14 °C. Stressinduzierende Faktoren (z. B. Haltungsdichte, Transport, Sortieren) begünstigen den Krankheitsausbruch.

Symptome: abhängig von Verlaufsform.

- **Äußerlich:** Dunkelfärbung, Glotzaugen, Blutungen in Haut und Flossen, blasse Kiemen (Anämie) ev. mit Blutungen; Fressunlust, Lethargie. Bei nervösem Verlauf auffallend gestörtes Bewegungsverhalten (z. B. spiralförmige Bewegungen um Körperlängsachse).
- **Innerlich:** Petechien vor allem in der Muskulatur und der Schwimmblasenwand, allgemeine Anämie, Ascites, Milzschwellung, Verfärbung und Schwellung der Niere, Magen mit klarer Flüssigkeit gefüllt, leerer Darm.

HINWEIS: ALLE ABBILDUNGEN ZU VHS BETREFFEN DIE REGENBOGENFORELLE

Dunkelfärbung; Exophthalmus

(1) Ascites, (2) Dunkelfärbung, Exophthalmus, (3) Exophthalmus mit Blutungen, (4) Blutungen in der Muskulatur, hell gefärbte Leber

Petechien in der Muskulatur

Anämie (blasse Kiemen); Petechien in Kiemen, Muskulatur und Eingeweidefett (Pylorusanhänge = py)

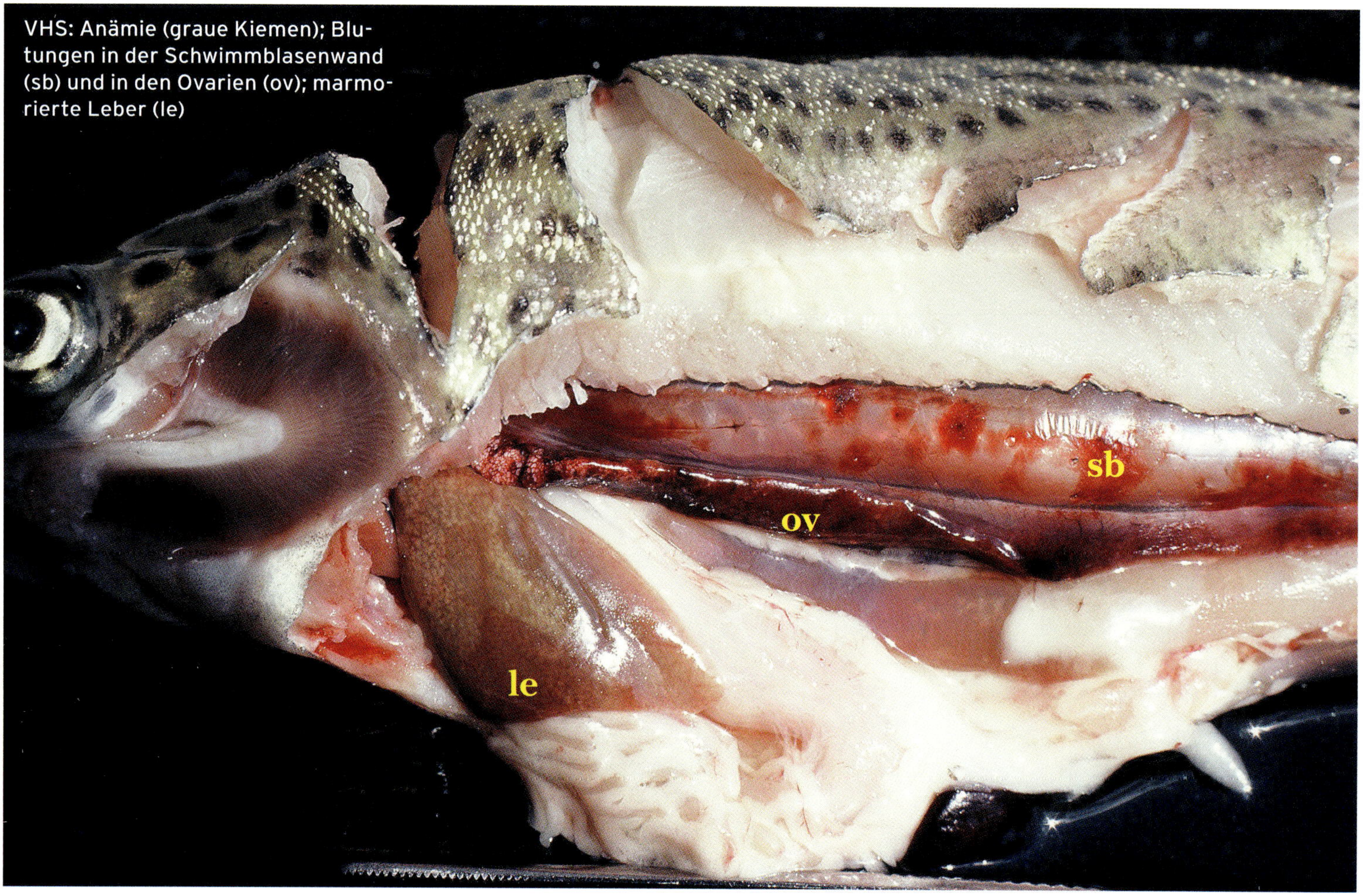

VHS: Anämie (graue Kiemen); Blutungen in der Schwimmblasenwand (sb) und in den Ovarien (ov); marmorierte Leber (le)

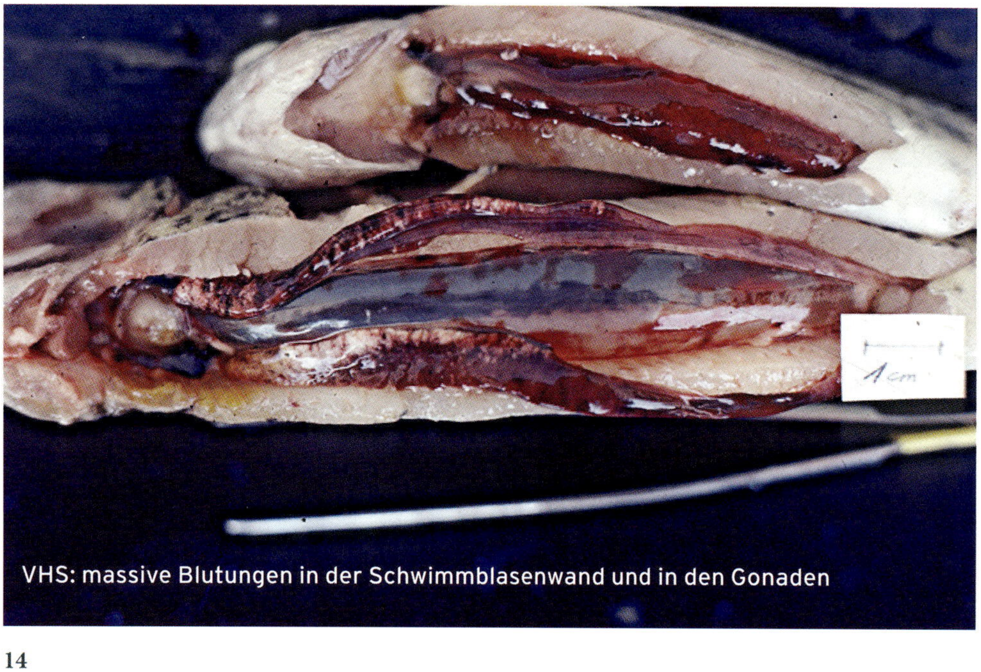

VHS: massive Blutungen in der Schwimmblasenwand und in den Gonaden

VHS: Hämorrhagien in der Muskulatur

VHS: Nierenschwellung

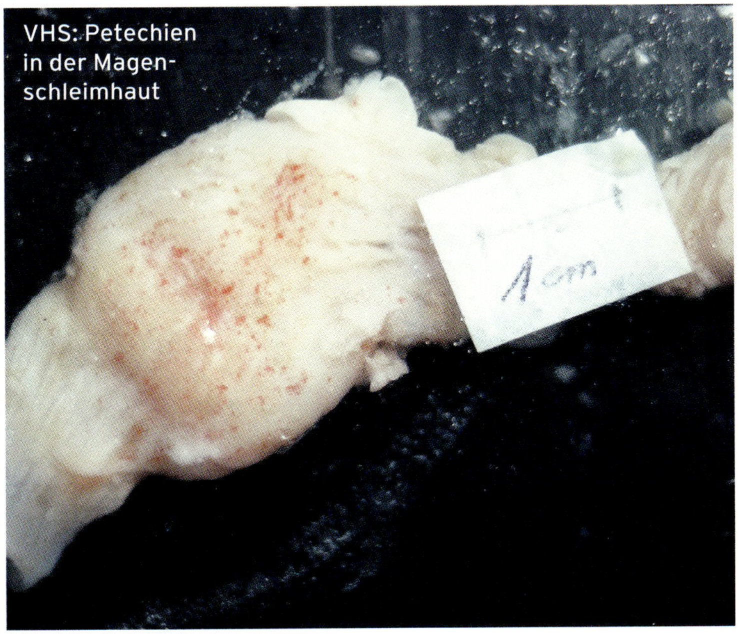

VHS: Petechien in der Magenschleimhaut

VHS: Brütlinge; Dunkelfärbung, Exophthalmus, Muskelblutungen

INFEKTIÖSE HÄMATOPOETISCHE NEKROSE (IHN)

Anzeigepflichtige, hoch ansteckende, besonders bei Brütlingen verlustreich verlaufende Viruserkrankung verschiedener Salmonidenarten (Regenbogenforelle, Pazifische Lachse, Atlantischer Lachs, Marmorierte Forelle und Saiblinge).

Erreger: IHN-Virus (ein Rhabdovirus)

Krankheitsverlauf: stark temperaturabhängig: akute Verlaufsform mit hohen Verlusten (besonders bei Wassertemperaturen von 10 bis 12 °C); chronische Verlaufsform bei Temperaturen < 10 °C; inapparent (symptomlos; jedoch sog. Carrier) bei Temperaturen < 8 °C und > 15 °C. Stressinduzierende Faktoren (z. B. Haltungsdichte, Transport, Sortieren) begünstigen den Seuchenausbruch.

Symptome: abhängig von Verlaufsform.

- **Äußerlich:** Dunkelfärbung, Glotzaugen, Blutungen in Haut und Flossen, bei Brütlingen im Dottersack; blasse Kiemen ev. mit Blutungen; Fressunlust, Lethargie, gestörtes Schwimmverhalten (z. B. unkoordiniert oder drehend).
- **Innerlich:** Petechien vor allem in der Muskulatur und dem Fett der Leibeshöhle, Anämie, Ascites, Milzschwellung, Verfärbung und Schwellung der Niere, Magen-Darm-Trakt mit klarer fadenziehender Flüssigkeit gefüllt, auch blutig-schleimiger Inhalt, Pseudofaeces.

HINWEIS: ALLE ABBILDUNGEN ZU IHN BETREFFEN DIE REGENBOGENFORELLE.

Anämie (blasse Kiemen), Dunkelfärbung

Hochgradige Nierenanämie

Anämie (blasse Kiemen, Leber), Petechien im Herzmuskel und Eingeweidefett

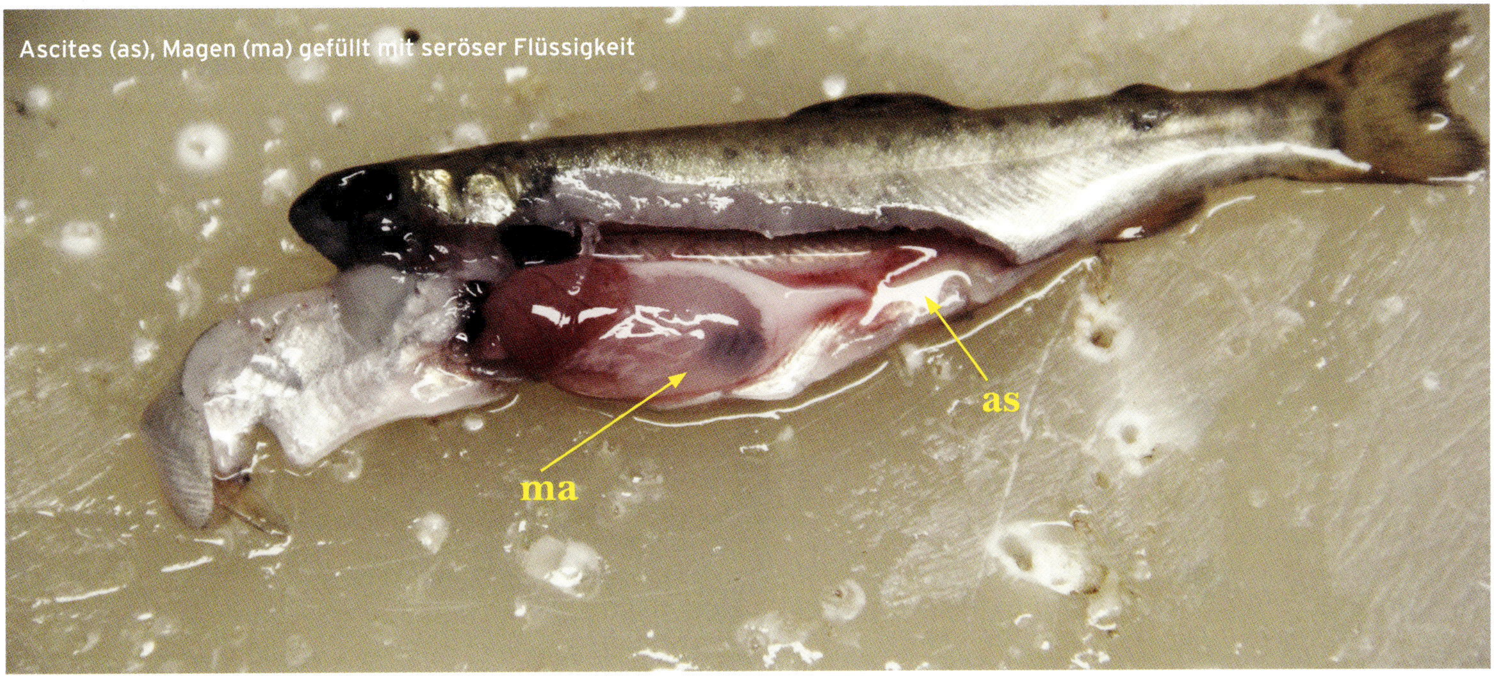

Ascites (as), Magen (ma) gefüllt mit seröser Flüssigkeit

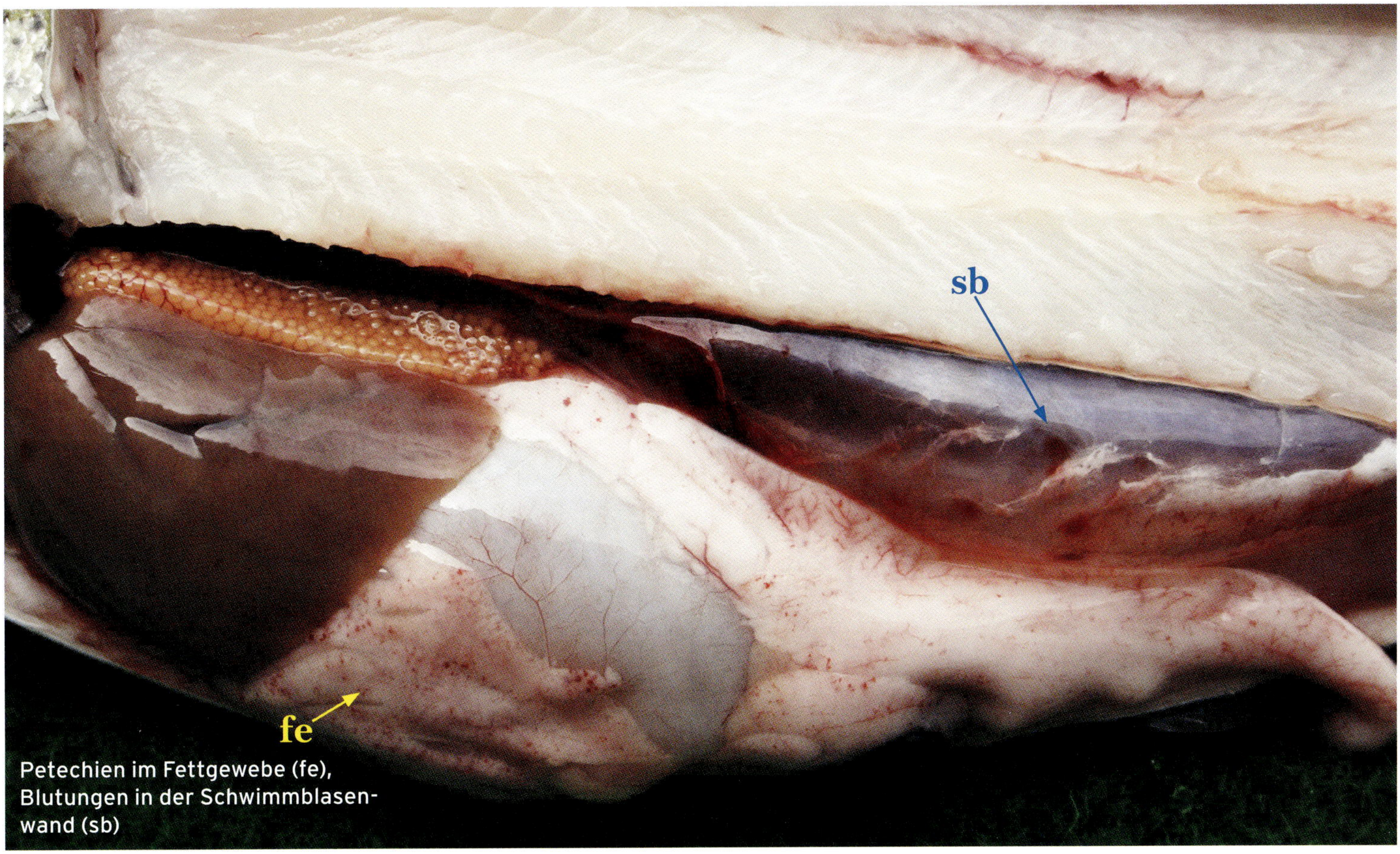

Petechien im Fettgewebe (fe), Blutungen in der Schwimmblasenwand (sb)

FRÜHLINGSVIRÄMIE DER KARPFEN (SVC; SPRING VIRAEMIA OF CARP)

Besonders im Frühjahr auftretende, hochinfektiöse Viruskrankheit. Es erkranken alle Altersklassen. Karpfen im ersten und zweiten Lebensjahr sind besonders empfänglich. Betroffen sind verschiedene Cyprinidenarten (Karpfen, Gras-, Silber-, Marmorkarpfen, Karausche, Schleie) und der Europäische Wels; in Mitteleuropa endemisch.

Erreger: *Rhabdovirus carpio* oder SVC-Virus (ein Rhabdovirus)

Krankheitsverlauf: Akute Verlaufsform vor allem nach Erstkontakt mit dem Virus und im kritischen Temperaturbereich von 15 bis 17 °C. Verlustraten über 50 % sind möglich; überlebende Fische bleiben lebenslange Carrier.

Symptome: abhängig von Verlaufsform.

- **Äußerlich:** Abmagerung, Dunkelfärbung, Blutungen in Haut, Augen, Kiemen und Flossenansätzen, Exophthalmus, Umfangsvermehrung, Schuppensträube, Ausstülpung der Afterpapille; Stehen am Teich- oder Beckenauslauf, unkoordiniertes Schwimmverhalten und Gleichgewichtsverlust.
- **Innerlich:** Ascites, punktförmige Blutungen in der Muskulatur, der Schwimmblasenwand und im Peritoneum, katarrhalische Enteritis, Pseudofaeces.

AUF ALLEN FOTOS SIND KARPFEN BETROFFEN.

Petechien in der Muskulatur

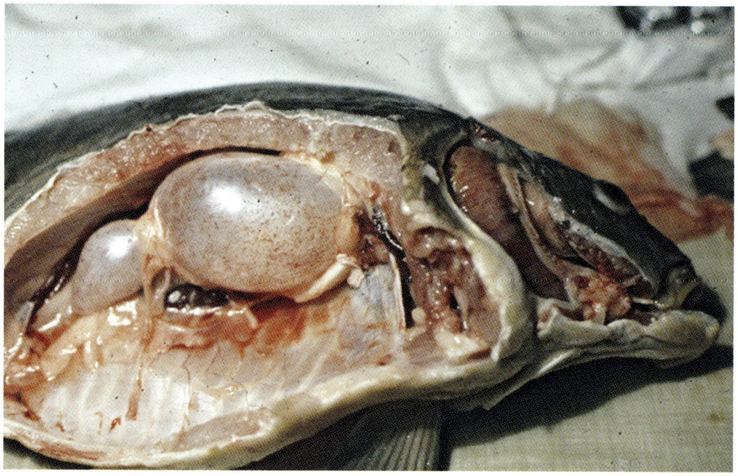

Petechien in der Schwimmblasenwand

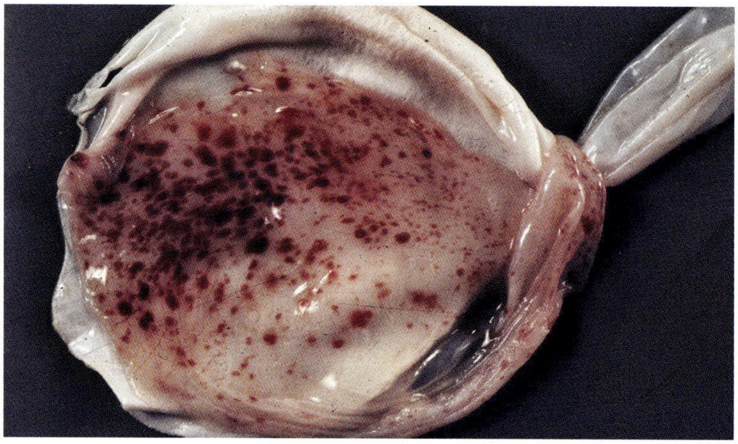

Geöffnete Schwimmblase; Blutungen in der Schleimhaut

Foto: © Oliver Hochwartner

Dermatitis, Ascites (Umfangsvermehrung der Leibeshöhle), gerötete Afterregion (af) als Hinweis auf Enteritis

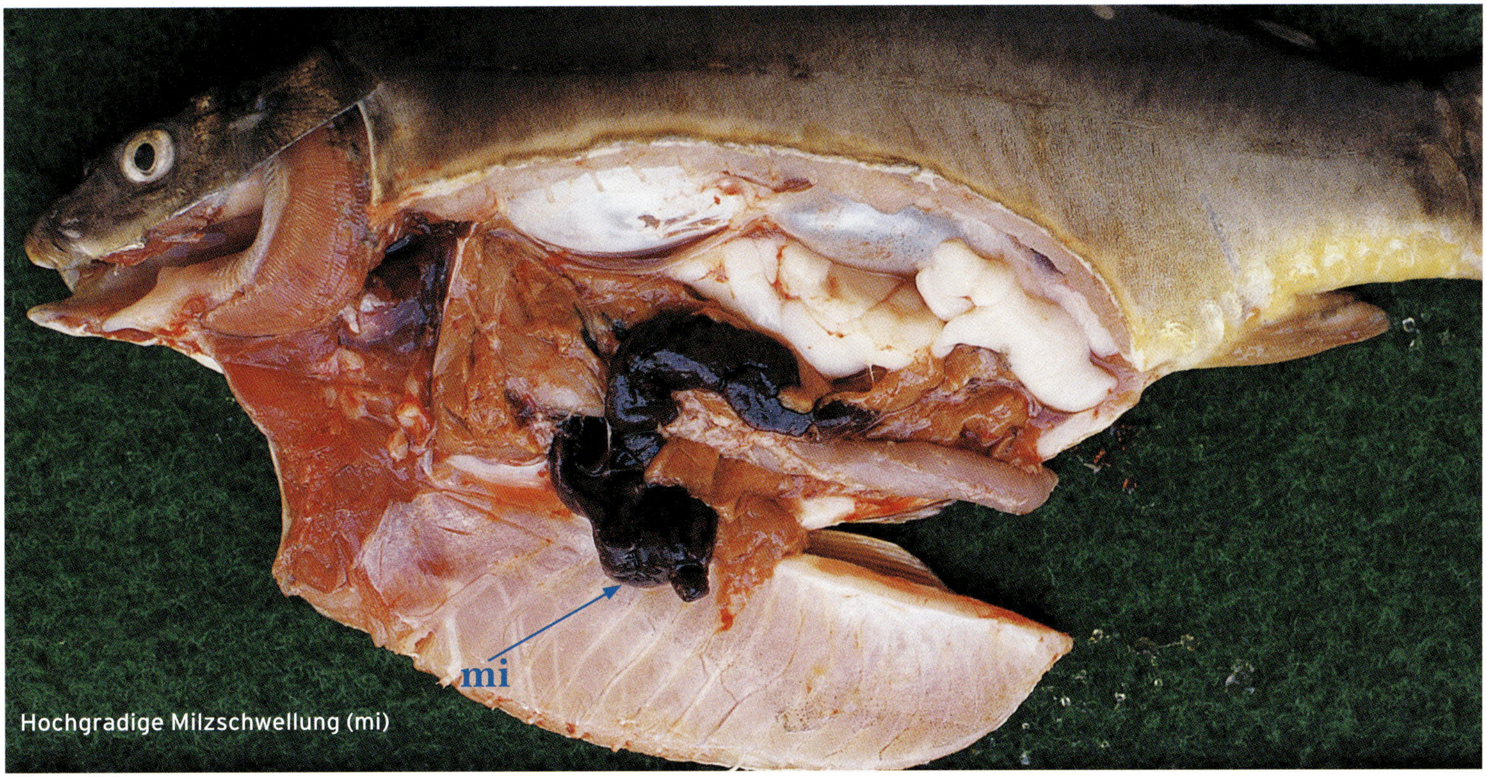

Hochgradige Milzschwellung (mi)

HECHTBRUT-RHABDOVIROSE (PFRD; PIKE FRY RHABDOVIRUS DISEASE)

Vorkommen bei Brut bis zu 6 cm Körperlänge; das Virus wurde auch bei Graskarpfen, Schleien und Bachforellen nachgewiesen.

Erreger: PFR-Virus (ein Rhabdovirus)
Krankheitsverlauf: Perakuter bis akuter Verlauf mit hohen Verlusten im Temperaturbereich von 12 bis 20 °C; Überlebende bleiben Carrier.

Symptome:

- **Äußerlich:** Exophthalmus; Blutungen in Kiemen und Haut; Brütlinge werden lethargisch, schwimmen an der Wasseroberfläche oder sinken zu Boden, charakteristisches Zittern am ganzen Körper.
- **Innerlich:** Blutungen in inneren Organen und Muskulatur; Hydrocephalus.

Brütlinge; Blutungen in der Muskulatur

Brütlinge; Hydrocephalus (hy)

KARPFENPOCKEN (EPITHELIOMA PAPILLOSUM CARPIO)

Harmlose Viruserkrankung bei Karpfen und anderen Cyprinidenarten mit wirtschaftlicher Relevanz (Vermarktungsprobleme).

Erreger: *Cyprines Herpesvirus* 1 (CyHV-1; ein Herpesvirus)

Krankheitsverlauf: Chronisch, tritt bei Wassertemperaturen < 14 °C auf, verursacht kaum Verluste.

Symptome: Durch Hyperplasie der Epidermiszellen entwickeln sich erhabene, milchig weiße, wachsartige Hautveränderungen am ganzen Körper, bevorzugt an den Flossen.

Pocken auf Brustflosse und Flanke

Pocken auf der Schwanzflosse

KOI HERPESVIRUS KRANKHEIT (KHVD; KOI HERPESVIRUS DISEASE)

Hoch ansteckende, verlustreich verlaufende Viruserkrankung beim Karpfen. Goldfisch, Karausche, Schleie, Graskarpfen, Silberkarpfen, Europäischer Wels und Stör gelten als Virusreservoir.

Erreger: *Cyprines Herpesvirus 3* (CyHV-3); verschiedene Stämme (europäische, asiatische, israelische) mit unterschiedlicher Virulenz.

Krankheitsverlauf: Perakut oder akut bei Wassertemperaturen von 16 bis 25 °C; inapparent bei < 13 °C und > 30 °C. Carrierproblematik bei überlebenden und latent infizierten Fischen.

Symptome: Atemnot; hochgradige Kiemenschwellung, -verschleimung und -nekrose, Hautblutungen, herdförmige bis flächenhafte Nekrose des Hautepithels, daher typischer Sandpapiereffekt; Enophthalmus, Ödeme; Apathie und Randstehen.

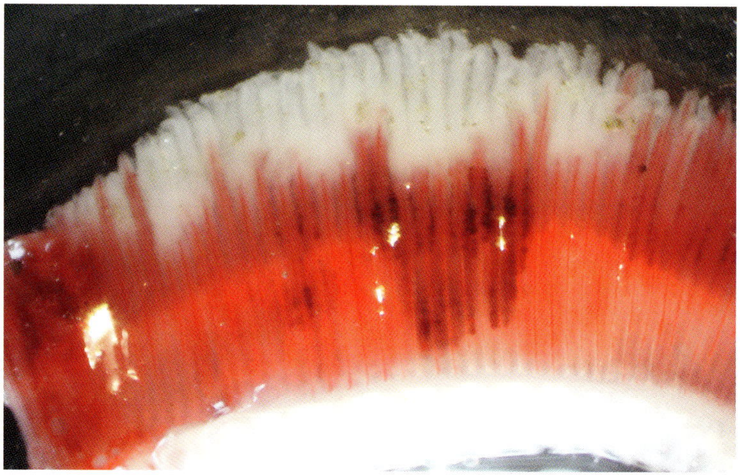

Koi; Kiemen, Schwellung, Hämorrhagien, Nekrose

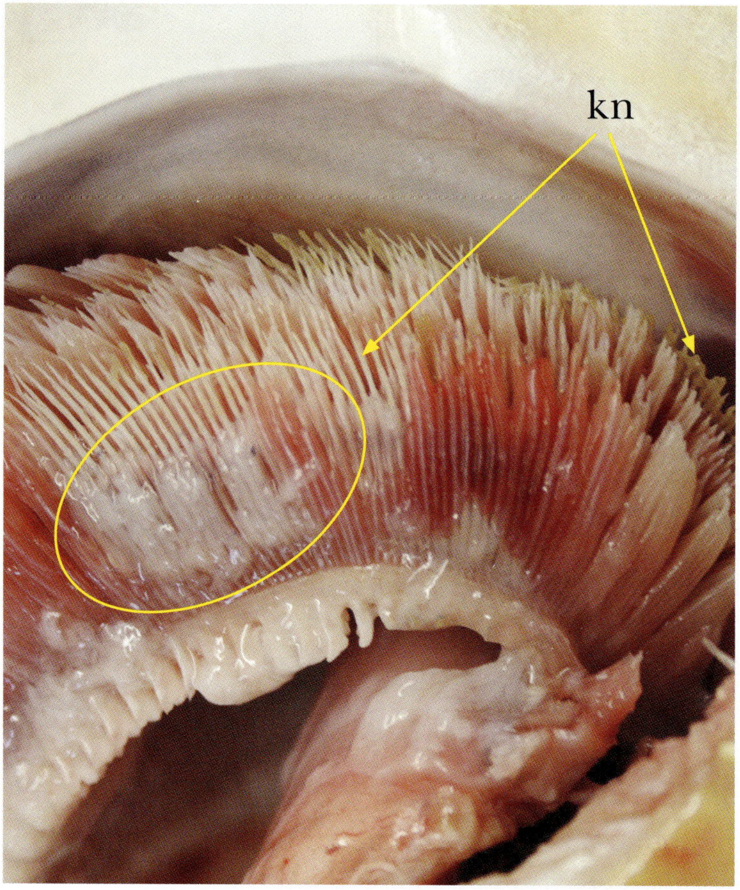

Karpfen; Kiemenschwellung, -verschleimung (Ellipse), -nekrose (kn); Epithelverlust bis zum Stützknorpel der Primärlamellen

Koi; Hautnekrose (Kreis), Ablösung der Epidermis (Ellipse), sekundäre Verpilzung (Pfeil)

Karpfen; Kiemennekrose

SCHLAFKRANKHEIT DER KARPFEN (KSD; KOI SLEEPY DISEASE)

Bevorzugt betroffen sind Karpfen und Koi, der Erreger wurde jedoch auch in anderen Fischarten nachgewiesen, so z. B. in Karauschen und Goldfischen, die bei einer Wassertemperatur von 22 °C klinische Symptome und Verluste aufwiesen. Geringe Viruslasten hingegen konnten z. B. in Graskarpfen, Flussbarsch, Kaulbarsch, Zander und Hecht detektiert werden.

Erreger: *Carp Edema Virus* (CEV; auch Koi Sleepy Disease Virus oder KSDV genannt; ein Pockenvirus)

Verlauf: Akut bis chronisch; in unseren Breiten können vor allem im Frühjahr und Herbst bei Temperaturen zwischen 5 °C und 15 °C die Verluste 80 % betragen.

Symptome: Symptomatik ähnelt der Koi-Herpesvirus-Krankheit: Atemnot, Enophthalmus, Kiemenschwellung und -nekrosen und Hautrötungen, Hautschleimablösungen, Geschwürbildung sowie Ödeme; Appetitlosigkeit, Apathie, Fische stehen „schläfrig" am Teichrand oder an der Wasseroberfläche bzw. liegen am Teichgrund.

„Schlafende" Koi Foto: © Achim Bretzinger

„Schlafende" Koi Foto: © Achim Bretzinger

INFEKTIÖSE PANKREASNEKROSE (IPN)

Hoch ansteckende, besonders bei Brütlingen verlustreich verlaufende Viruserkrankung verschiedener Salmonidenarten (Atlantischer Lachs, Bach- und Seeforelle, Pazifische Lachse, Regenbogenforelle, Saiblinge). Zahlreiche Fischarten, z. B. Äschen, Coregonen, Cypriniden, Hechte und Aale, erkranken in der Regel nicht, sind aber Virusträger (Carrier). Virusnachweis auch in verschiedenen Wirbellosen.

Erreger: IPN-Virus (ein Aquabirnavirus)

Krankheitsverlauf: Temperaturabhängig; akut (besonders bei Wassertemperaturen von 8 °C bis 15 °C) oder chronisch.

Symptome:

- **Äußerlich:** Dunkelfärbung, Glotzaugen, aufgetriebener Vorderbauch („Spitzbauch"), Blutungen an Flossenansätzen, blasse Kiemen, Pseudofaeces; Fressunlust, Apathie abwechselnd mit unkoordiniert-spiraligen Schwimmbewegungen.
- **Innerlich:** allgemeine Anämie, Petechien im abdominalen Fettgewebe, bes. im Bereich der Pylorusanhänge, in den inneren Organen und auch der Muskulatur; Entzündungen im Bereich der Pylorusanhänge, Ascites, Magen-Darm-Trakt leer oder mit milchig-weißem Schleim gefüllt.

Regenbogenforelle; Vorwölbung des Vorderbauches

Regenbogenforelle; Schwellung im Bereich von Magen und Pylorusanhängen

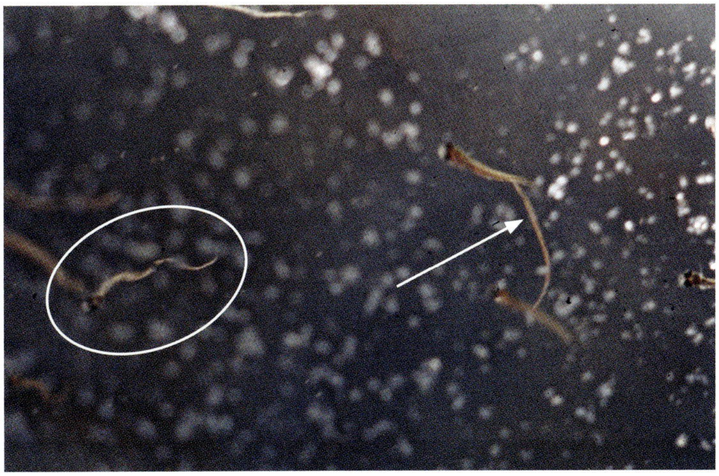

Coregonen, Brütlinge; Pseudofaeces

SCHLAFKRANKHEIT DER SALMONIDEN (SLEEPING DISEASE)

Bevorzugt Regenbogenforellen im Süßwasser, allenfalls auch Saiblinge. Eine vergleichbare Erkrankung im Salzwasser wird als Pancreas Disease bezeichnet.

Erreger: Alphavirus SAV2 (ein Togavirus)

Krankheitsverlauf: Mehrheitlich chronisch; Mortalität vernachlässigbar, jedoch auch > 22 % möglich; das gleichzeitige Auftreten anderer Krankheiten scheint den Verlauf ungünstig zu beeinflussen.

Symptome:
- **Äußerlich:** Inappetenz gefolgt von Abmagerung; Seitenlage am Boden, die Fische schwimmen bei Berührung auf und sinken dann wieder ab.
- **Innerlich:** Petechien im Bereich der Pylorusanhänge und im umgebenden Fettgewebe, Degeneration von Pankreas, Herz- und Skelettmuskulatur.

Schlafkrankheit: Regenbogenforelle; Setzlinge; in Seitenlage am Boden

INFEKTIÖSE ANÄMIE DER LACHSE (ISA; INFECTIOUS SALMON ANAEMIA)

Anzeigepflichtige, hoch ansteckende, verlustreich verlaufende Viruserkrankung verschiedener Salmonidenarten (Atlantischer Lachs, Forellen der Art *Salmo trutta*, Regenbogenforelle).

Erreger: ISA-Virus (ein Orthomyxovirus). Dieses Virus tritt in nicht infektiöser und infektiöser Form auf; nur die letztgenannte ist anzeigepflichtig.

Krankheitsverlauf: Nachbarschaft zu fischverarbeitenden Betrieben erhöht das Infektionsrisiko; stressinduzierende Faktoren (z. B. Haltungsdichte, Transport, Behandlungen gegen Ektoparasiten) begünstigen den Seuchenausbruch.

Symptome:
- **Äußerlich:** Anämie der Kiemen, Blutungen im Auge; Lethargie; senkrechtes Stehen im Wasser oder Liegen am Boden.
- **Innerlich:** Ascites, allgemeine Anämie, Blutungen im Bauchfell und in den Nieren, Dunkelfärbung und Schwellung von Milz und Leber.

HINWEIS: OHNE ABBILDUNG.

EPIZOOTISCHE HAEMATOPOETISCHE NEKROSE (EHN)

Anzeigepflichtige Viruskrankheit von Flussbarsch und Regenbogenforelle.

Erreger: EHN-Virus (ein zu den Iridoviren zählendes Ranavirus)

Krankheitsverlauf: vor allem bei den hoch empfänglichen Flussbarschen zeitlich und örtlich gehäuftes Auftreten mit hohen Ausfällen innerhalb einer Population.

Symptome:

- **Äußerlich:** unspezifische Haut- und Kiemensymptome; Dunkelfärbung, Gleichgewichtsstörungen.
- **Innerlich:** Nekrosen in Leber, Milz, Kopfniere, Bauchspeicheldrüse und Herz.

HINWEIS: OHNE ABBILDUNG.

LYMPHOCYSTISKRANKHEIT

Ansteckende Viruserkrankung von Süß- und Meerwasserfischen.

Erreger: ein Iridovirus

Symptome: Auf Haut und Flossen fallen weiße knötchen- bzw. warzenartige Gebilde auf, die durch Riesenwachstum befallener Zellen entstehen (Hypertrophie). Auch Kiemen und innere Organe können betroffen sein.

HINWEIS: OHNE ABBILDUNG.

2. Bakteriosen

BAKTERIEN

Einzellige Mikroorganismen, die u. a. als Krankheitserreger eine Rolle spielen, indem sie in Makroorganismen Veränderungen hervorrufen und Störungen der Lebensvorgänge bewirken. Sie besitzen einen eigenen Stoffwechsel, eine Zellwand und ein Kernäquivalent anstelle eines echten Zellkerns (prokaryote Organismen).

FLAVOBACTERIACEAE (sog. MYXOBAKTERIEN)

Diese wurden vormals zu den Cytophagaceae gestellt; fadenförmige Bakterien; bei Fischen spielt die Gattung *Flavobacterium* als Krankheitserreger eine Rolle; mit steigender Wasserhärte erhöht sich deren Pathogenität. Die bakterielle Besiedelung und das Zustandekommen von Krankheiten werden durch ungünstige Haltungsbedingungen gefördert: hohe Besatzdichte; organische Belastung des Wassers, insb. Ammonium-/Ammoniakbelastung; schlechte hygienische Bedingungen in den Haltungseinheiten; Überfütterung, Futter mit hohem Abrieb, Ansammlung von Futter- und Kotresten; raue Oberflächen von Haltungseinheiten; Einschwemmung von mineralischen Schwebstoffen, hartschalige Algen im Zulaufwasser.

a) Bakterielle Kiemenschwellung (BKS)
Bakterielle Besiedlung der Kiemen vor allem bei Salmonidenbrütlingen und -setzlingen, meist ausgehend von mechanischen/chemischen Kiemenreizungen.

Erreger: *Flavobacterium columnare*; auch Mischinfektionen möglich.

Krankheitsverlauf: z. T. akut, mit hohen Verlusten.

Symptome: Atemnot, abgespreizte Kiemendeckel durch Verschleimung und Schwellung der Kiemen („dicker Kopf"); Fressunlust, Fische stehen am Rand oder beim Wassereinlauf.

HINWEIS: ALLE ABBILDUNGEN ZU FLAVOBACTERIACEAE BETREFFEN DIE REGENBOGENFORELLE, AUSGENOMMEN JENE VOM NEONSALMLER.

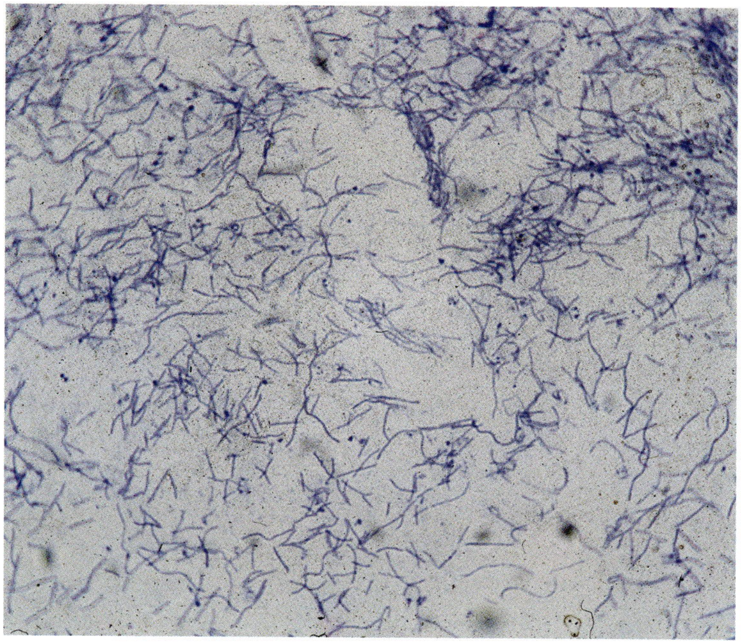

„Myxobakterien"; Hautabstrich Methylenblaufärbung, 250-fach vergrößert

BKS: abgespreizte Kiemendeckel infolge Kiemenschwellung („dicker Kopf")

BKS: Kiemen, hochgradige Schwellung und Verschmelzung der Lamellen; 25-fach vergrößert

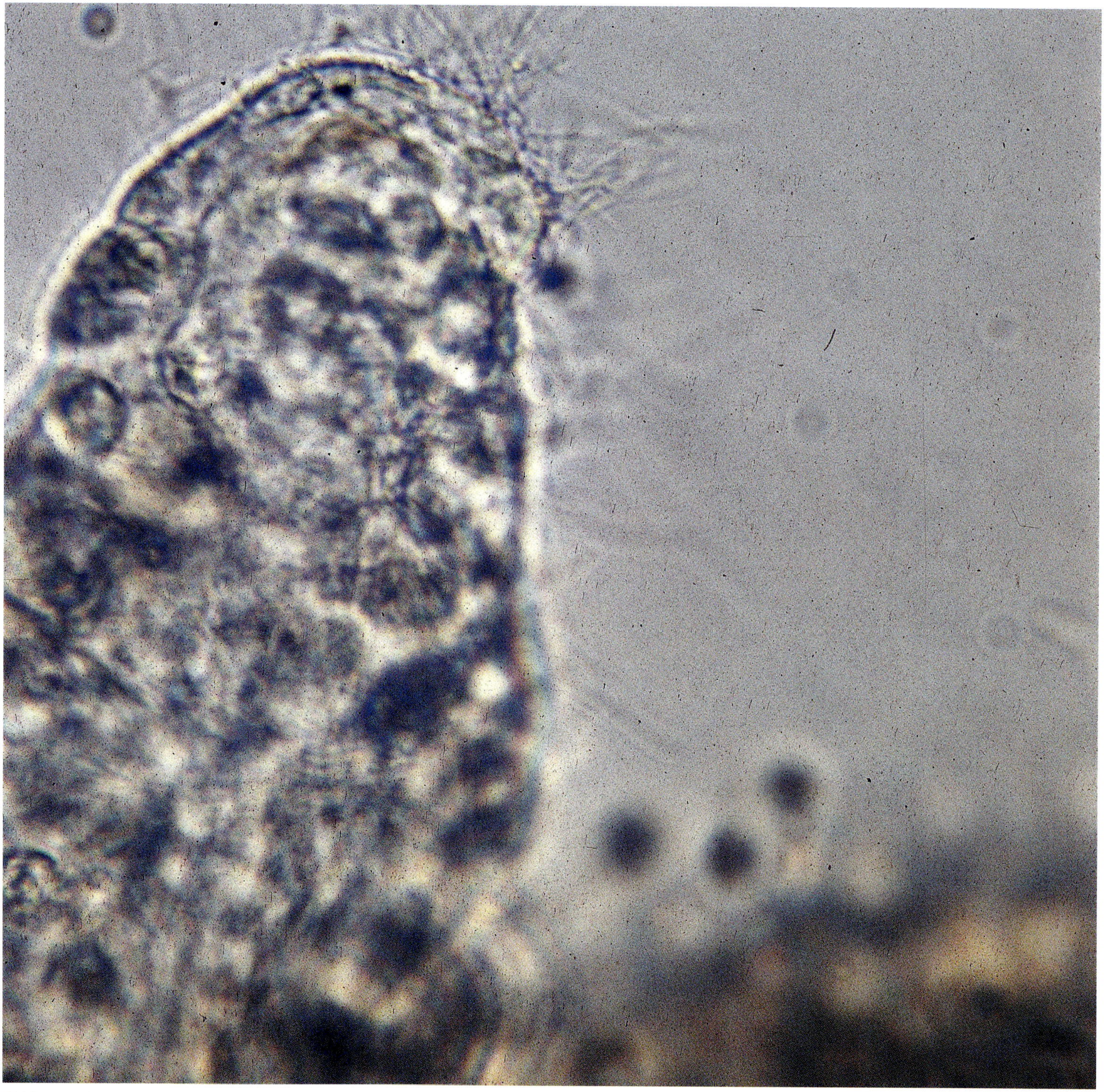

BKS: geschwollene Lamelle mit Bakterienrasen auf der Lamellenspitze; 160-fach vergrößert

b) Bakterielle Flossenfäule
Meist ausgehend von mechanisch bedingten Flossenschäden kommt es zur Besiedlung der geschädigten Flossenhautareale durch verschiedene Bakterienarten.

Erreger: *Flavobacterium columnare, F. psychrophila,* auch Mischinfektionen mit *Aeromonas* spp./*Pseudomonas* spp. sind möglich.

Symptome: weiße vliesartige Beläge an den Flossenrändern, Trübung und Zerstörung der Flossenhaut, freistehende Flossenstrahlen, Einschmelzung der Flossen.

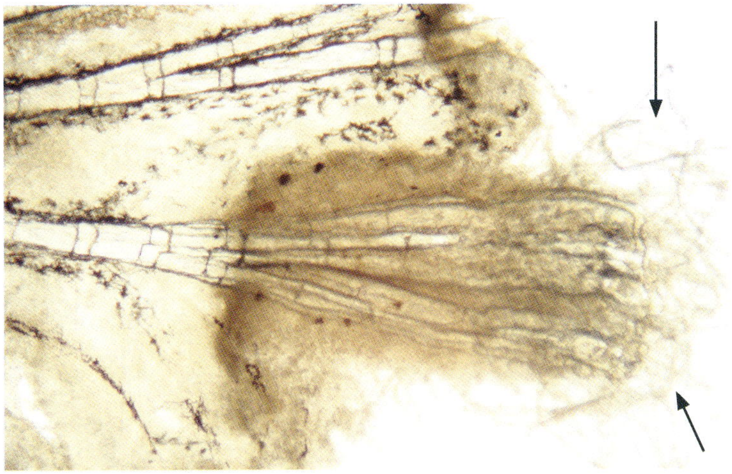

Bakterielle Flossenfäule: Neonsalmler; Schwanzflossennekrose mit Bakterienrasen (Pfeile); 25-fach vergrößert

c) Kaltwasserkrankheit (Cold Water Disease, CWD)
Erkrankung der Salmoniden, besonders der Jungfische. Beim Koi gelegentlich als Sekundärerkrankung auftretend (Beobachtung der Autoren).

Erreger: *Flavobacterium psychrophilum;* Mischinfektionen mit *Flavobacterium columnare* möglich.

Verlauf: vorwiegend chronisch

Symptome: Weißliche Verfärbung der Haut, Schleim- und Schuppenverluste im Bereich des Schwanzstiels; Haut- und Muskelnekrosen, die zum Verlust der Schwanzflosse und der paarigen Flossen führen können. Sekundäre Verpilzung *(Saprolegnia spp.)*.

CWD: massive und weitreichende Nekrose im Bereich des Schwanzstieles, sekundäre Verpilzung

CWD: freiliegende Wirbelsäule

CWD: Geschwüre (Kreis), Flossenschäden (Pfeil)

CWD: Detailaufnahme; Oberkiefer (ok), Unterkiefer (uk), Zunge (zu)

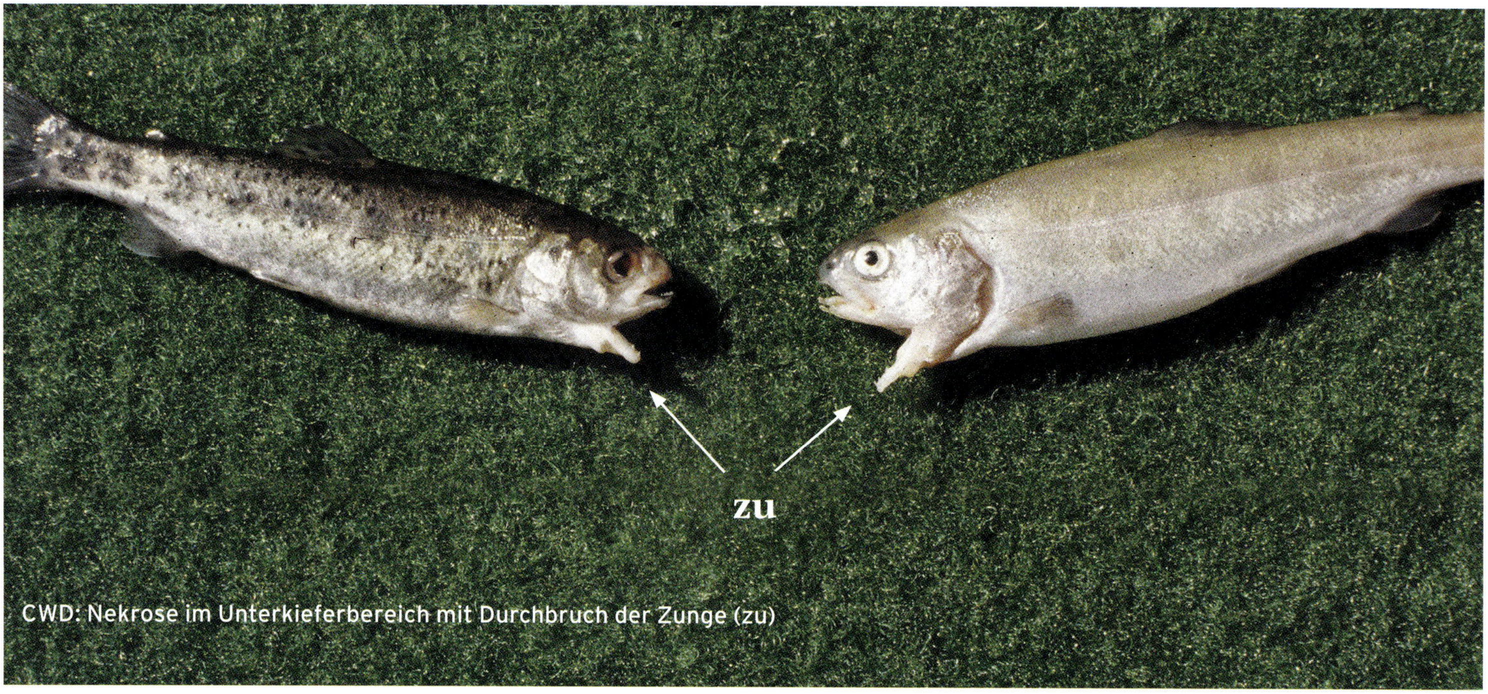

CWD: Nekrose im Unterkieferbereich mit Durchbruch der Zunge (zu)

d) Sattelkrankheit

Mögliche Verlaufsform nach einer Infektion mit Flavobacteriaceen mit Verlusten zwischen 5 bis 50 %. Tritt bevorzugt bei Salmonidenbrütlingen und -setzlingen, v. a. bei Regenbogenforellen und vorwiegend im Bruthaus auf.

Erreger: *Flavobacterium columnare*

Symptome: sattelförmiger Gewebsverlust von Haut und Muskulatur im Bereich der Rückenflosse.

e) Rainbow Trout Fry Syndrom (RTFS)

Krankheit der Regenbogenforellen.

Erreger: *Flavobacterium psychrophilum*

Krankheitsverlauf und Verluste: Akut; rasche Zunahme der Verluste bei auffallendem Bestandsbild: Neben eindeutig erkrankten Brütlingen fallen vital erscheinende, gut fressende deutlich auf; die höchsten Ausfälle werden in der Gewichtsklasse 0,2 bis 2 g verzeichnet; ab einem Stückgewicht von 100 g treten keine Verluste mehr auf.

Symptome:

- **Äußerlich:** Dunkelfärbung, Exophthalmus; Apathie.
- **Innerlich:** allgemeine Anämie, Milzschwellung.

Sattelkrankheit: tiefreichender Substanzverlust im Rückenbereich Foto: © Fritz Wachtl

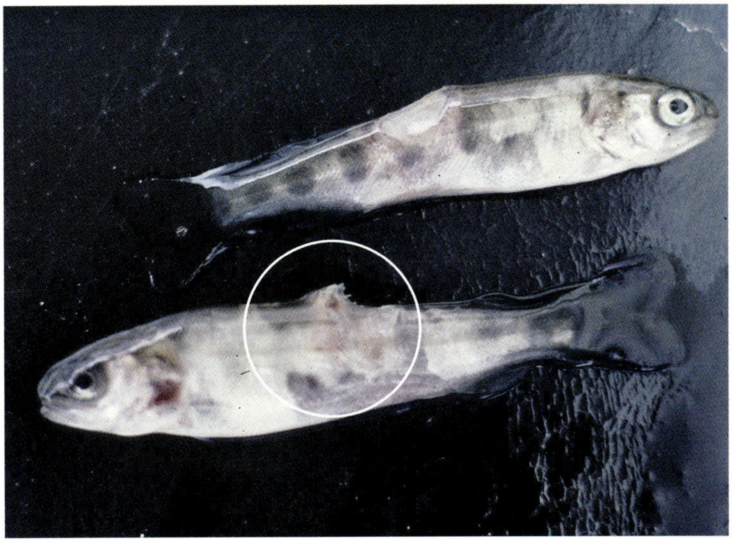

Sattelkrankheit: sattelartiger Substanzverlust

RTFS: Dunkelfärbung, Flossennekrosen, Exophthalmus (ex), allgemeine Anämie (an), Ascites (as), Milzschwellung

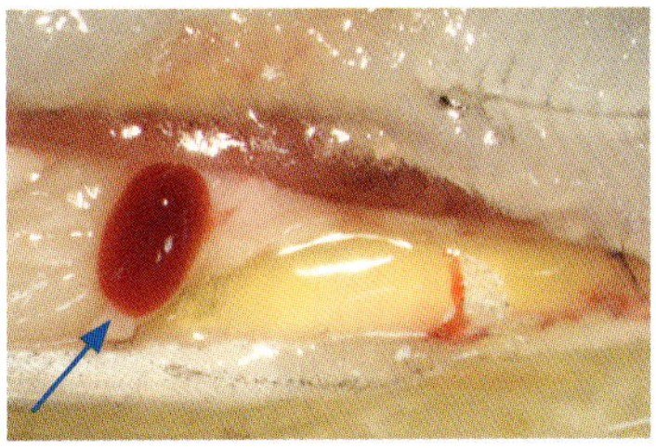

RTFS: anämische und geschwollene Milz

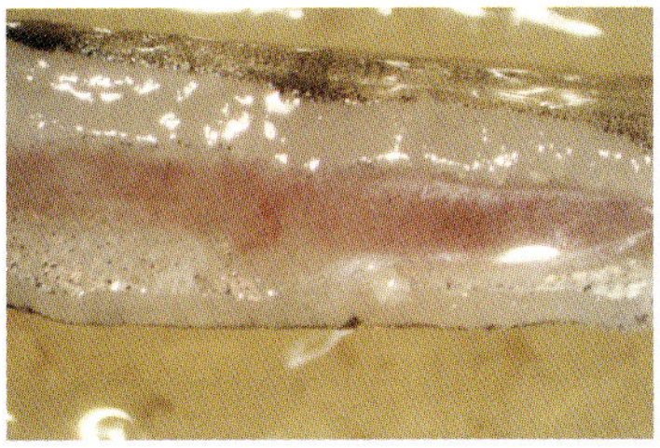

RTFS: ausgeprägte Nierenanämie

FURUNKULOSE

Eine der wichtigsten bakteriellen Erkrankungen der Salmoniden; weltweit verbreitet.

a) Klassische (typische) Furunkulose
Betroffen sind Salmoniden aller Altersklassen, besonders Bachforelle, Bachsaibling, Seesaibling und Äsche.

Erreger: *Aeromonas salmonicida salmonicida*

Krankheitsverlauf: Verlauf altersabhängig: Bei Brütlingen perakut, diese verenden plötzlich, ohne besondere Krankheitserscheinungen; Mortalität ca. 50 %. Akute Form häufig bei Fischen ab 10 cm Körperlänge, diese verenden innerhalb von 2–3 Tagen mit den Symptomen einer bakteriellen (hämorrhagischen) Septikämie. Bei adulten Fischen subakute bis chronische Verlaufsform.

Symptome:
- **Äußerlich:** Furunkel (Bibberbeulen) in der Haut, Blutungen in der Haut und den Flossenansätzen, Anämie der Kiemen, Exophthalmus.
- **Innerlich:** Furunkel in der Muskulatur, multifokale Hämorrhagien in den inneren Organen und der Muskulatur sowie deutliche Milzschwellung. Nach überstandener Krankheit Carrierstatus möglich.

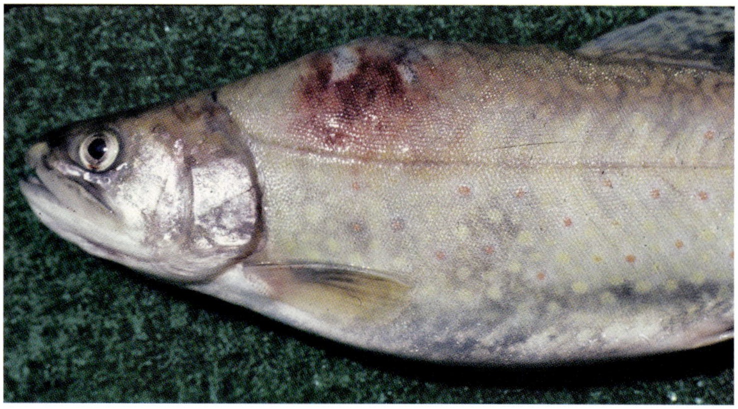

Bachsaibling; Abszess am Rücken

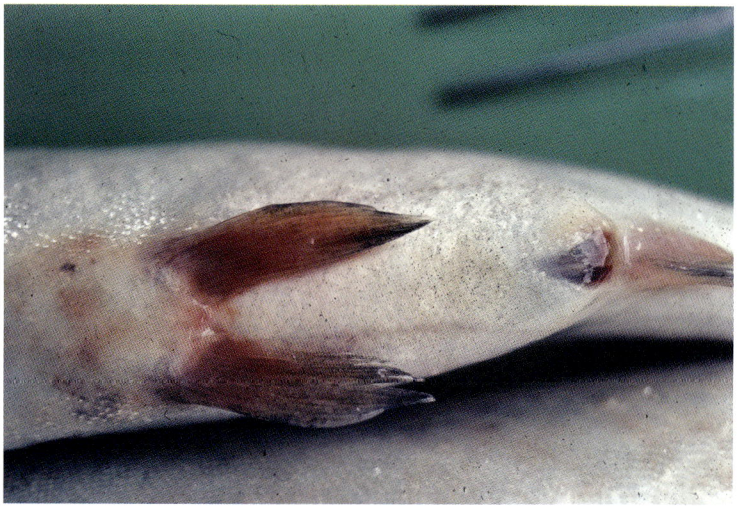

Regenbogenforelle; Entzündung der Flossen und Flossenansätze, gerötete Afterregion (Enteritis)

Seesaibling aus Freigewässer; Bibberbeule

Regenbogenforelle; beginnendes Geschwür am Schwanzstiel

Bachsaibling; Entzündung der After- und Schwanzflosse, Nekrose

Regenbogenforelle; tiefgreifendes Geschwür (Ellipse), Abszess (Pfeil)

Äsche; septikämischer Verlauf: Petechien in der Muskulatur

Seesaibling; septikämischer Verlauf: Hautblutungen; sekundäre Verpilzung der Brustflosse

Bachsaibling; Entzündungen, Blutungen und Geschwürbildung im Bereich der Kiefer, Brust und Brustflossen

Typische Furunkulose: Seesaibling; septikämischer Verlauf: blasse Kiemen, Ascites (as) mit blutigem Exsudat, Peritonitis (Ellipse)

b) Atypische Furunkulose

Krankheitsverlauf: Subakut bis chronisch.

1. Erreger: *Aeromonas salmonicida achromogenes* und *A. salmonicida masoucida*.
Betroffen sind Seesaibling, Äsche, Bachforelle und andere Salmonidenarten sowie Karpfen, diverse Cyprinidenarten, Flussbarsch, Hecht.

Symptome: Hautgeschwüre; fallweise auch septikämische Symptome.

2. Erreger: *Haemophilus piscium*, beschrieben als atypische Unterart von *A. salmonicida*: *A. salmonicida smithia*.
Besonders bei Seesaiblingen. In Österreich aufgetreten nach Eiimporten aus Nordeuropa (Beobachtung der Autoren).

Symptome:

- **Äußerlich:** Blutungen u. a. in der Augenvorderkammer, Linsentrübung, Hauterosionen und Geschwüre (Ulcer Disease).
- **Innerlich:** generalisierte Anämie, Petechien im Bauchfell, Milz- und Nierenschwellung.

Atypische Furunkulose: Seesaibling; Blutungen im Auge

Atypische Furunkulose: Seesaibling; Entzündung der Flossen, Kiemendeckel und Branchiostegalmembran (Ellipse)

ERYTHRODERMATITIS DER KARPFEN (ED)

Eine bakteriell bedingte Krankheit der Karpfen, die sowohl als lokale als auch generalisierte Infektion auftreten kann. Bei anderen Fischarten wird diese Erkrankung als Fleckenseuche bezeichnet. Typische Faktorenkrankheit.

Erreger: verschiedene ubiquitäre, fakultativ pathogene Bakterienarten, wie z. B. *Aeromonas hydrophila*, *A. sobria*, *A. salmonicida* ssp., *Pseudomonas fluorescens* und *Shewanella putrefaciens*.

Krankheitsverlauf: Meist chronisch; Verluste vor allem bei Geschwürbildung durch Störung des osmotischen Gleichgewichtes der Fische und/oder bei Ausbildung einer Septikämie.

Symptome:

- **Äußerlich:** Flächige Hautrötungen und Blutungen an den Flossenbasen bzw. in den Flossen; die typischen Geschwüre zeigen in der Ausbreitungsphase im Zentrum einen Substanzverlust mit weißem Saum und rotem Rand, in der Abheilungsphase einen dunklen Saum (Melaninansammlung). Die Geschwüre können sekundär von sogenanntem Wasserschimmel (*Saprolegnia* spp.) besiedelt werden.
- **Innerlich:** Symptome einer Septikämie.

Karpfen; zu sehen sind die typischen ED-Geschwüre (weißer Saum mit rotem Rand)

FLECKENSEUCHE

Unter diesem Begriff werden bakterielle Infektionen mit unterschiedlichen Erregern zusammengefasst, die meist in Freigewässern und oft zur Laichzeit bei verschiedenen Cyprinidenarten, Hecht, Barsch, Aal (sog. Süßwasseraalseuche, Rotseuche) und Coregonen auftreten. Typische Faktorenkrankheit.

Erreger: *Aeromonas* spp. und *Pseudomonas* spp.

Krankheitsverlauf: perakuter bis chronischer Verlauf, vor allem bei hohen Wassertemperaturen. Mitunter hohe Verluste.

Symptome: Hämorrhagische Haut- und Flossenentzündungen; ulzerative, oberflächliche oder tief in die Muskultur reichende Läsionen der Haut, Schuppenverlust, Nekrosen der Flossen, Exophthalmus und durch Ascites bedingte Umfangsvermehrung des Abdomens. Beim perakuten Verlauf fehlen die Veränderungen an der Haut.

HINWEIS: ALLE ABBILDUNGEN ZU FLECKENSEUCHEN BETREFFEN FISCHE AUS FREIGEWÄSSERN. ZU SEHEN SIND VERSCHIEDENE KRANKHEITSSTADIEN, WIE HAUTENTZÜNDUNG, HAUTRÖTUNG, OBERFLÄCHLICHE UND TIEFREICHENDE GESCHWÜRE, FLOSSENSCHÄDEN.

Schleien (aus einer Hälterung)

Brachsen

Hecht

Fleckenseuche: Nase

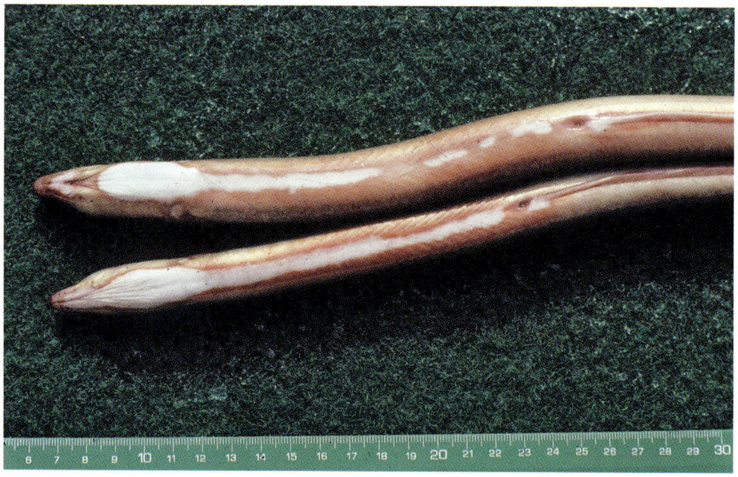

Fleckenseuche: Aal (Rotseuche)

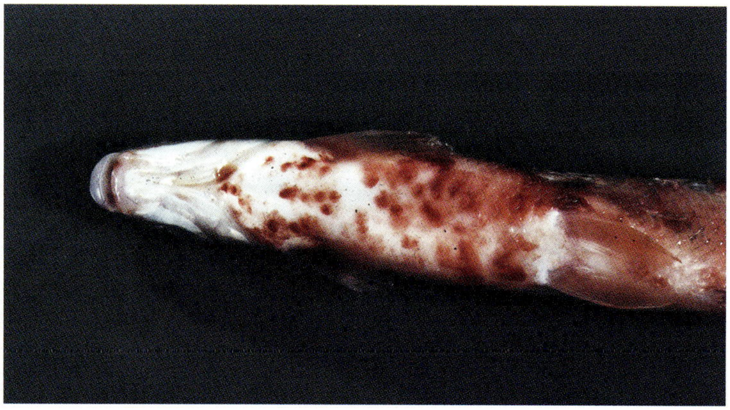

Fleckenseuche: Nase

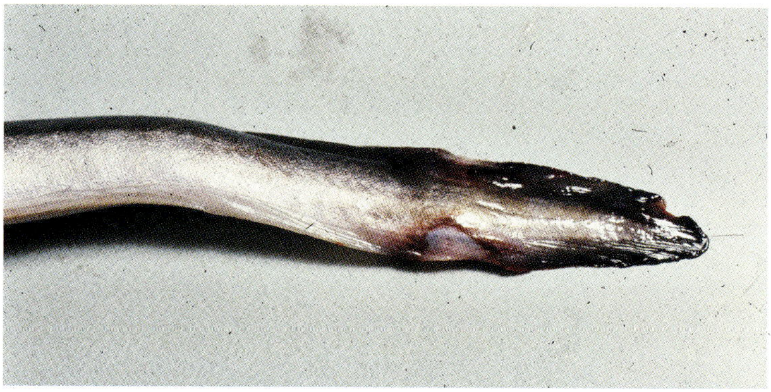

Fleckenseuche: Aal

Fleckenseuche: Seesaibling; septikämische Verlaufsform: Blutungen im Auge, Entzündung im Maulbereich

Fleckenseuche: Aal

ROTMAULSEUCHE (ERM; ENTERIC RED-MOUTH DISEASE)

Bakteriell bedingte, zyklisch verlaufende Krankheit der Salmoniden, v. a. der Regenbogenforelle.

Erreger: *Yersinia ruckeri*

Krankheitsverlauf: überwiegend akut mit z. T. erheblichen Verlusten.

Symptome:

- **Äußerlich:** Dunkelfärbung, Exophthalmus, Rötungen im Kopfbereich (v. a. im Maulbereich, Kiemendeckelinnenseite); Trägheit.
- **Innerlich:** allgemeine Anämie; Blutungen in Muskulatur, Bauchfell, Leber und Fettgewebe, Ascites, Peritonitis, Milzschwellung, Enteritis. Nach überstandener Krankheit Carrierstatus möglich.

ERM: Regenbogenforelle; Petechien im Maulbereich

ERM: Regenbogenforelle; flächige Blutungen im Maulbereich

HINWEIS: DIE FOLGENDEN FÜNF ABBILDUNGEN ZEIGEN RÖTUNG DES PARIETALEN UND VISCERALEN BAUCHFELLS (PERITONITIS, ELLIPSE), ASCITES (as), ENTERITIS (en), MILZSCHWELLUNG (mi), MAGENDILATATION (ma), BLUTUNGEN IM MAGEN (ma), IN DER LEBER (le) UND IN DER SCHWIMMBLASENWAND (sb).

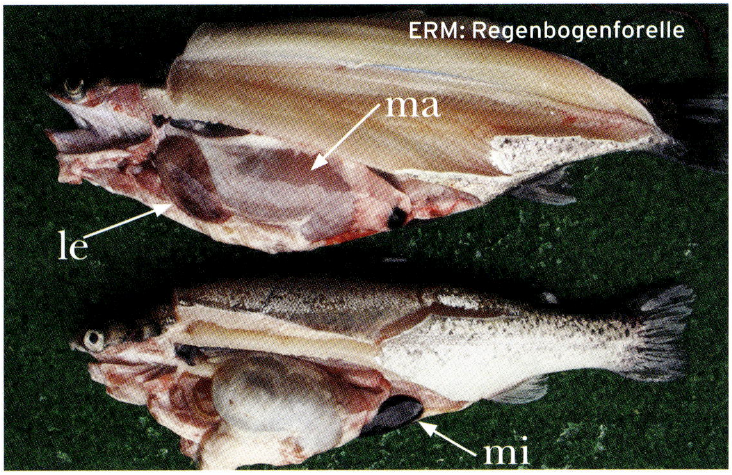

ERM: Regenbogenforelle

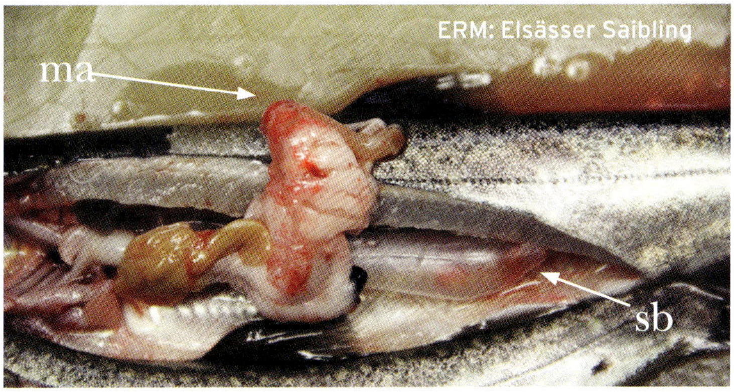

ERM: Elsässer Saibling

ERM: Elsässer Saibling

ERM: Regenbogenforelle
en
as

ERM: Bachsaibling
mi
en

BAKTERIELLE NIERENKRANKHEIT (BKD; BACTERIAL KIDNEY DISEASE)

Erkrankung der Salmoniden sowohl in Aquakulturen als auch im Freigewässer.

Erreger: *Renibacterium salmoninarum*

Krankheitsverlauf: vorwiegend chronischer Verlauf; Verluste abhängig von der Wasserqualität und Manipulationen.

Symptome:

- **Äußerlich:** Linsentrübung, Verlust eines oder beider Augen, Dunkelfärbung, Beulen- bzw. Geschwürbildung der Haut.
- **Innerlich:** allgemeine Anämie, Milz- und Nierenschwellung, Graufärbung der Niere, Granulombildung in der Niere und anderen Organen, Ausbildung von Pseudomembranen an Organen.

HINWEIS: ALLE ABBILDUNGEN ZU BKD BETREFFEN DIE REGENBOGENFORELLE.

BKD: proliferative Nierenschwellung mit Einlagerung von Bindegewebe

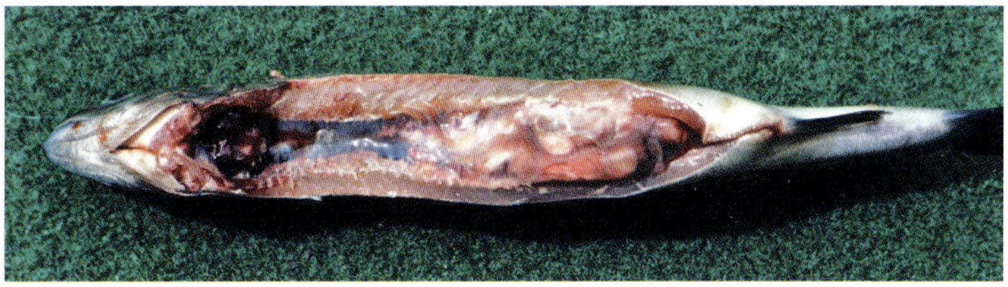

BKD: proliferative Nierenschwellung mit Einlagerung von Bindegewebe

BKD: Augenverlust (au), Anämie (an), Milz- (mi) und Nierenschwellung (ni)

BKD: zahlreiche kleine Granulome (gr) in Herz und Leber, Blutungen in der Leber (le), Anämie (an)

BKD: Hautgeschwüre

EPITHELIOCYSTIS

Die zystenähnlichen Veränderungen (Hypertrophie) in den Epithelien von Haut und Kiemen treten sowohl bei Nutzfischen (z. B. Atlantischer Lachs, Bachforelle, Regenbogenforelle, Seesaibling) als auch Zierfischen auf.

Erreger: verschiedene Gattungen von Chlamydiaceae.

Verluste: bei Jugendstadien mitunter hoch.

Symptome: helle Pünktchen an Kiemen, Kiemenschwellung, Atemnot; Trägheit, gestörtes Schwimmverhalten.

HINWEIS: OHNE ABBILDUNG.

FISCHTUBERKULOSE (TBC)

Weltweit verbreitete, bakteriell bedingte Infektionskrankheit von Salz- und Süßwasserfischen. Häufig bei Zierfischen, bei Nutzfischen in Europa sehr selten. Typische Faktorenkrankheit.

Erreger: *Mycobacterium* spp.

Krankheitsverlauf: mehrheitlich chronisch; Ausbildung von Carrier. Einzelne Ausfälle über einen längeren Zeitraum. Hohe Verluste innerhalb kurzer Zeit bei akutem Verlauf nach Einschleppung oder nach faktorenabhängigem Aufflammen einer latenten Infektion.

Symptome:
- **Äußerlich:** unspezifisch, z. B. Abmagern, Glotzaugen, Hautulcera, Wirbelsäulenverkrümmung.
- **Innerlich:** charakteristische stecknadelkopfgroße, weiß-graue Granulome in Milz, Niere, Leber, Darm, Herz sowie Bauchfell; bei akutem Verlauf Peritonitis.

TBC: Goldfisch; periorbitales Ulcus Foto: © Oliver Hochwartner

RED MARK SYNDROME (RMS; STRAWBERRY DISEASE)

Nicht letal verlaufende Krankheit von Regenbogenforellen in Speisefischgröße bei Wassertemperaturen < 15 °C; von wirtschaftlicher Bedeutung.

Erreger: vermutlich bakterielle Erreger (in Frage kommen den Rickettsien ähnliche Organismen und Flavobakterien)

Symptome: Vorwiegend im Flankenbereich; flächige, leicht erhabene, rot entzündete Hautläsionen; charakteristische Schuppenverluste.

RMS: Regenbogenforelle; gerötete, oberflächliche Hautläsionen
Foto: © Heinz Heistinger

3. Mykosen

PILZE

Bilden systematisch ein eigenes Reich; sie sind ein- oder mehrzellig. Die fädigen Zellen heißen Hyphen. Sie können septiert oder unseptiert (z. B. *Saprolegnia* spp.) sein und werden in ihrer Gesamtheit als Myzel bezeichnet. Sie ernähren sich von gelösten organischen Substanzen, die sie durch die Oberfläche ihrer Hyphen aufnehmen. Pilze vermehren sich überwiegend asexuell , indem sie Sporen bilden und verbreiten.

Eipilze (*Peronosporomycetes*)
Fische und Zehnfußkrebse werden auch von Eipilzen befallen. Diese zählen nicht zu den echten Pilzen. Sie bestehen jedoch auch aus dem Myzel und ernähren sich wie die echten Pilze.

SAPROLEGNIOSE

Infektion mit im Wasser allgegenwärtigem sogenanntem Wasserschimmel. Dieser besiedelt meist sekundär die vorgeschädigte Körperoberfläche, Kiemen und Fischeier und schädigt durch Toxinabgabe.

Erreger: *Saprolegnia* spp., bevorzugt *S. parasitica* (*Peronosporomycetes*)

Symptome: Wattebauschartige, weiße bis bräunliche Beläge, die nach der Entnahme des Fisches aus dem Wasser in sich zusammenfallen.

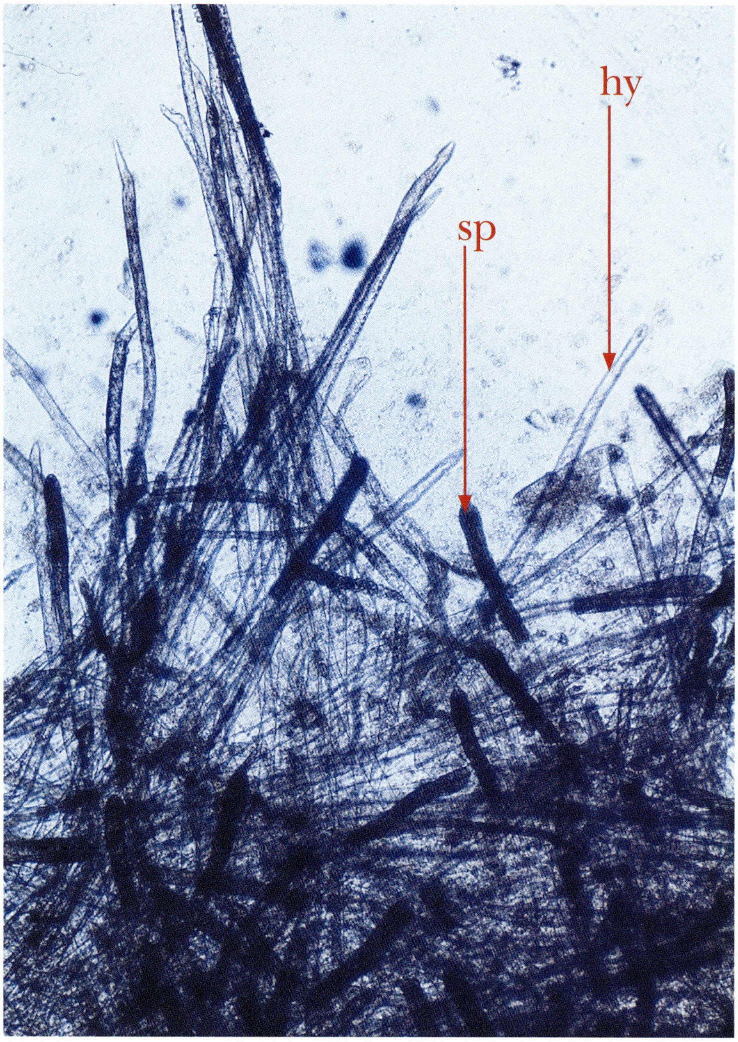

Saprolegnia sp.; unseptierte Hyphen (hy), Sporangien (sp, Sporenträger); 40-fach vergrößert

Septierte Hyphen und Sporangien eines nicht näher bestimmten Pilzes in einem Saprolegniamycel; 100-fach vergrößert

Karpfen; großflächiges Mycel auf Haut und Flossen Foto: © Fritz Wachtl

GESCHWÜRIGE HAUTNEKROSE (UDN; ULCERATIVE DERMALNEKROSE)

Vorkommen bei den meisten Arten der Salmoniden und bei den Coregonen. Das Krankheitsbild ist in erster Linie im Winter und vorwiegend bei Laichfischen (hauptsächlich Milchner) in Fließgewässern und in Aquakulturen mit Bachwasserversorgung zu finden.

Ursachen: vielfältig, u. a. hormoneller Einfluss. Bislang konnte kein spezifischer Erreger nachgewiesen werden. Auffallend ist der sekundäre Befall mit *Saprolegnia* spp., der mitunter zu hoher Mortalität führt.

Symptome: Anfangs graue Hautveränderungen an den Prädilektionsstellen (Kopf- und Fettflossenbereich), die sich zu umschriebenen Nekrosen oder zu großflächigen Geschwüren entwickeln; durch sekundären Pilzbefall entstehen anfänglich weiße, später bräunliche Beläge.

HINWEIS: FOLGENDE VIER ABBILDUNGEN ZEIGEN GROSSFLÄCHIGE HAUTNEKROSEN MIT NACHFOLGENDER SAPROLEGNIOSE.

Bachforelle

Seesaibling

Seesaibling

Seesaibling

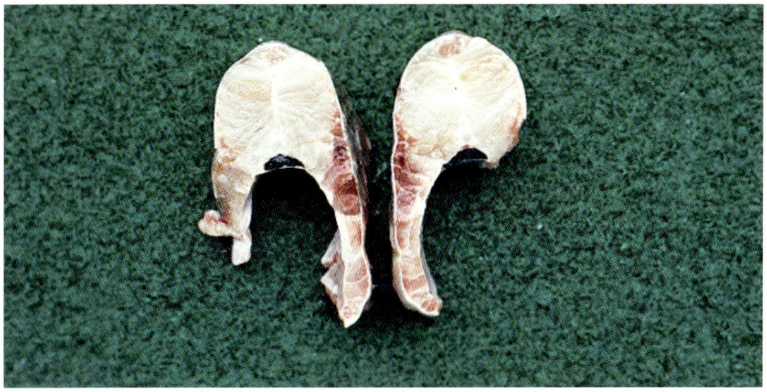

Japanischer Lotoslachs; bis in die Muskulatur reichende Geschwüre

BRANCHIOMYKOSE (KIEMENFÄULE)

Eine durch Pilze verursachte Kiemenerkrankung, die bevorzugt bei Karpfen (K_2/K_3) auftritt. Der Erreger wird durch Sporen weiterverbreitet, die über abgestorbenes Kiemengewebe ins Wasser gelangen. Sporen können auch über das Blut in innere Organe verschleppt werden.

Erreger:
- *Branchiomyces sanguinis* v. a. bei Karpfen, Aal, Salmoniden.
- *B. demigrans* v. a. bei Schleie, Hecht.

Krankheitsverlauf: In Abhängigkeit von Umweltbedingungen (hohe Temperaturen, Nährstoffreichtum des Wassers, hohe Fischdichte, Algenblüte) akut mit hohen Verlusten.

Symptome: Atemnot, Kiemenverfärbung, Kiemennekrose nach Gefäßverstopfung mit dem Pilzmyzel.

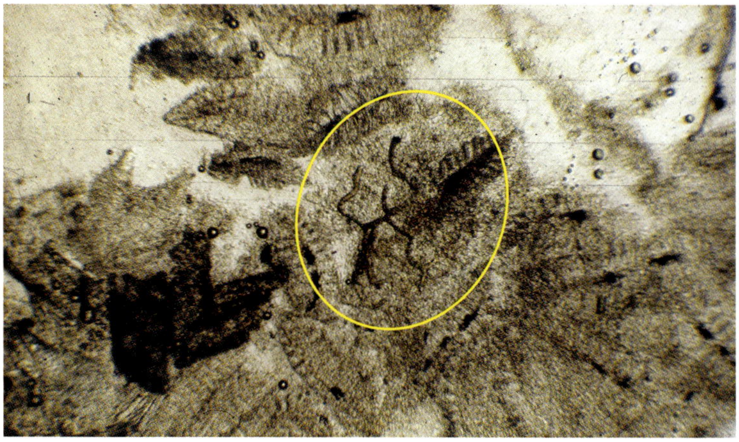

Hyphen im nekrotischen Kiemengewebe eines Karpfens; 25-fach vergrößert Foto: © Udo Klein

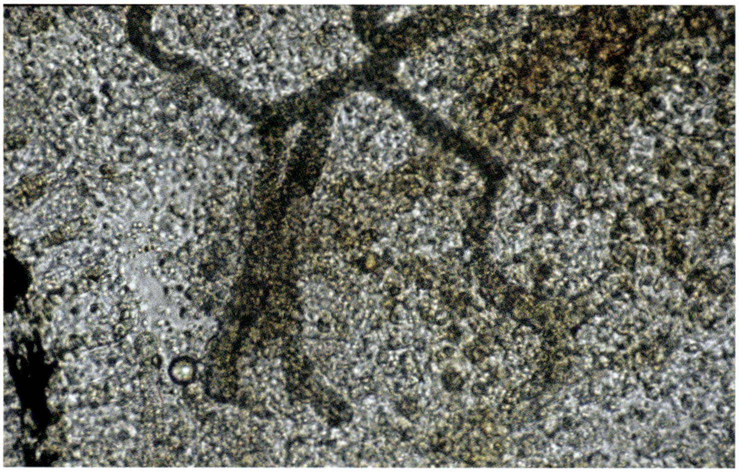

Vergrößerung 100-fach Foto: © Udo Klein

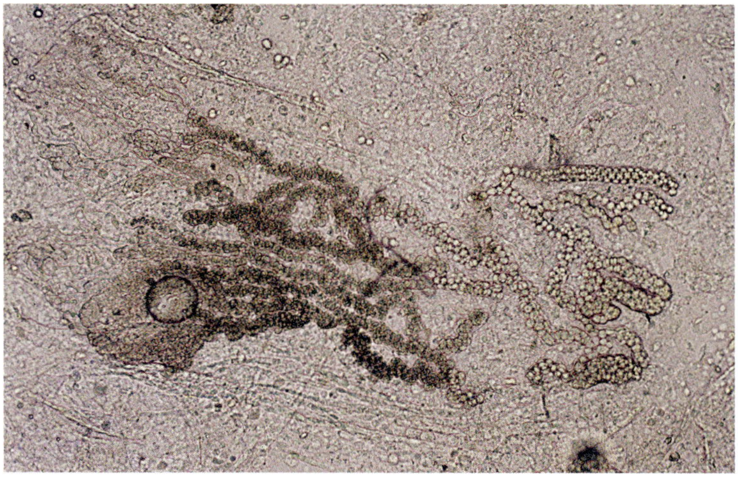

Hyphen und Sporen in den Kiemen einer Regenbogenforelle; 40-fach vergrößert

Karpfen; hochgradige Kiemennekrose

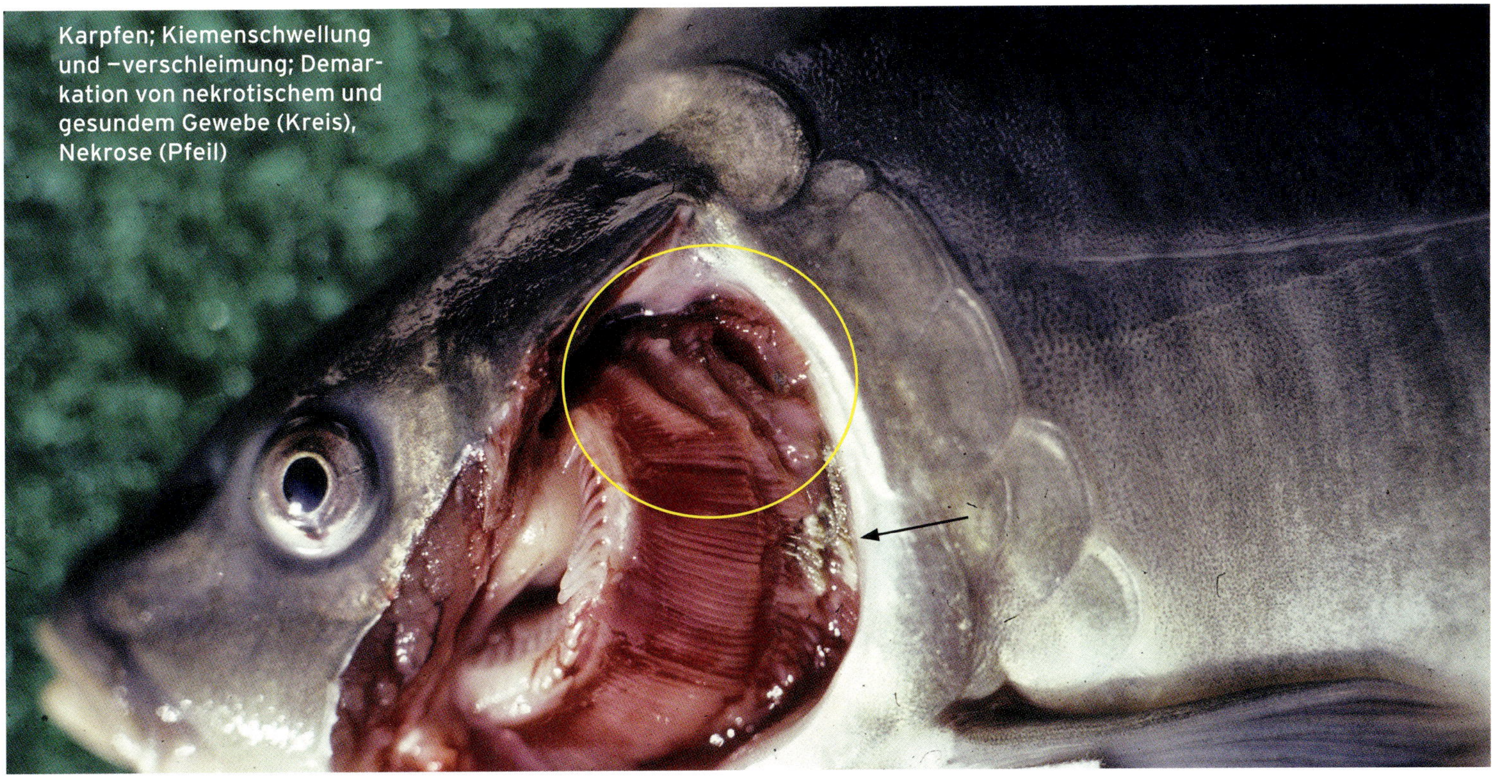

Karpfen; Kiemenschwellung und -verschleimung; Demarkation von nekrotischem und gesundem Gewebe (Kreis), Nekrose (Pfeil)

TAUMELKRANKHEIT

Erkrankung von Süßwasser- und Meeresfischen, besondere Bedeutung beim Hering und in der Aquaristik. Kann auch bei Saiblingen und Regenbogenforellen nach Verfütterung von Fischschlachtabfällen vorkommen; heute kaum noch beobachtet.

Erreger: *Ichthyophonus hoferi* (*Ichthyosporea*)

Krankheitsverlauf: Sowohl akuter als auch chronischer Verlauf; die Verluste können erheblich sein.

Symptome: Abhängig von der Verlaufsform ;
z. T. symptomlos.

- **Äußerlich:** Hautgeschwüre, vor allem beim Hering wird raue Haut beschrieben; taumelnde Schwimmbewegungen.
- **Innerlich:** 0,1–2 mm große Granulome in Muskulatur und inneren Organen, wie Herz, Leber, Milz.

HINWEIS: ALLE ABBILDUNGEN ZUR TAUMELKRANKHEIT BETREFFEN DIE REGENBOGENFORELLE.

Miliare Granulome in der Leber

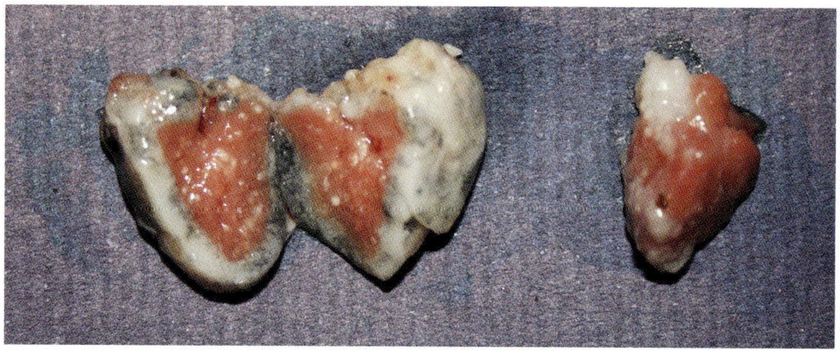

Das Herzmuskelgewebe und der Hohlraum der Herzkammern wurden durch eine Masse von Granulomen verdrängt.

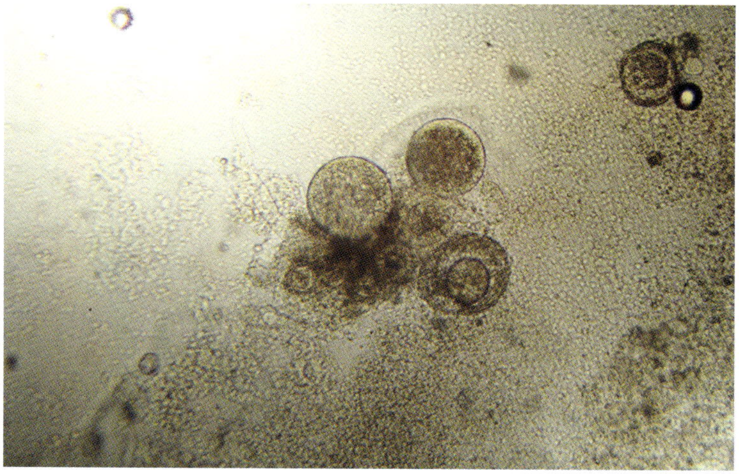

Sporen: Dauerstadien, sog. resting spores in der Haut; Quetschpräparat, nativ, 100-fach vergrößert

Granulome in der Niere

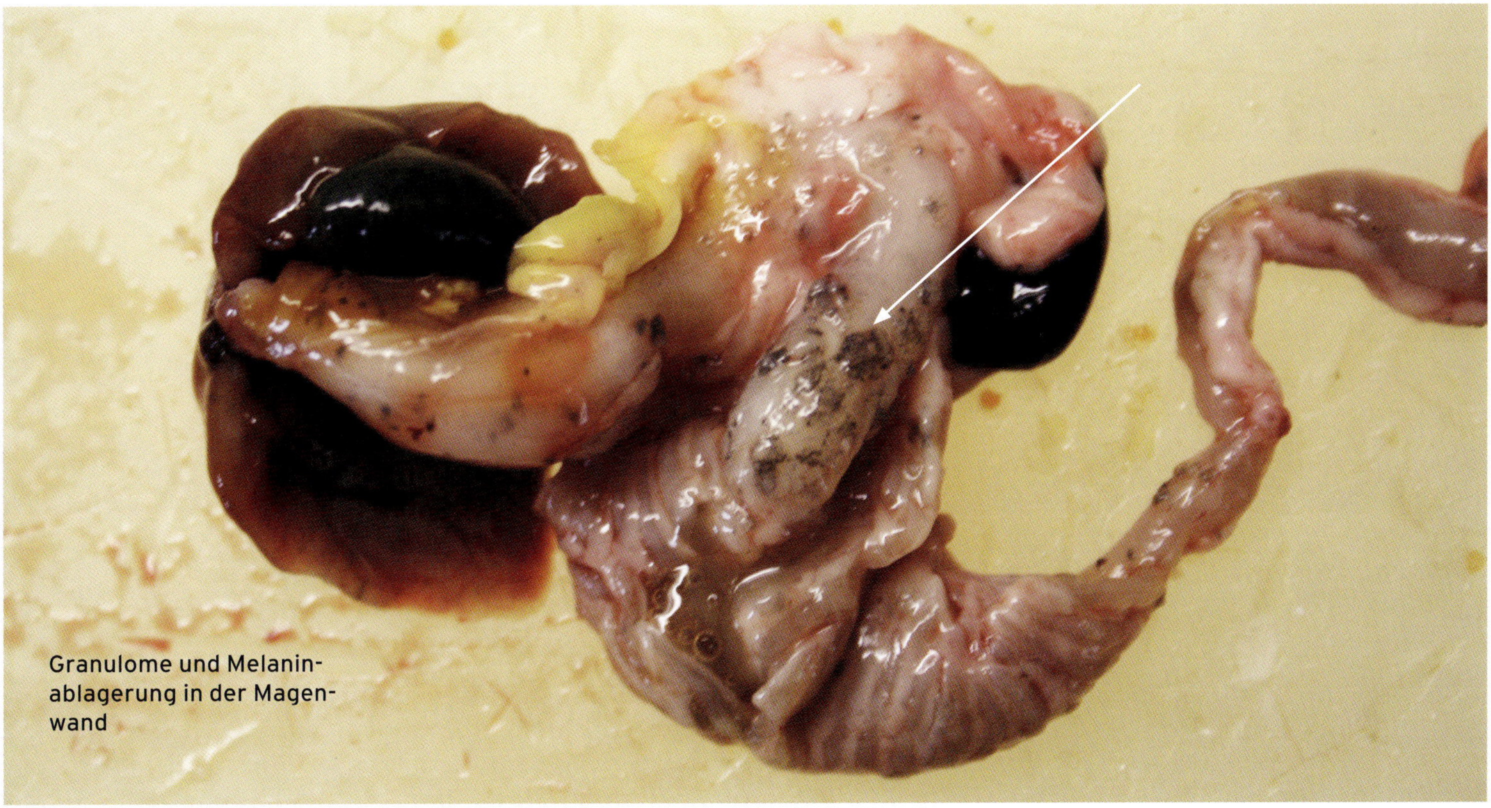

Granulome und Melanin-ablagerung in der Magen-wand

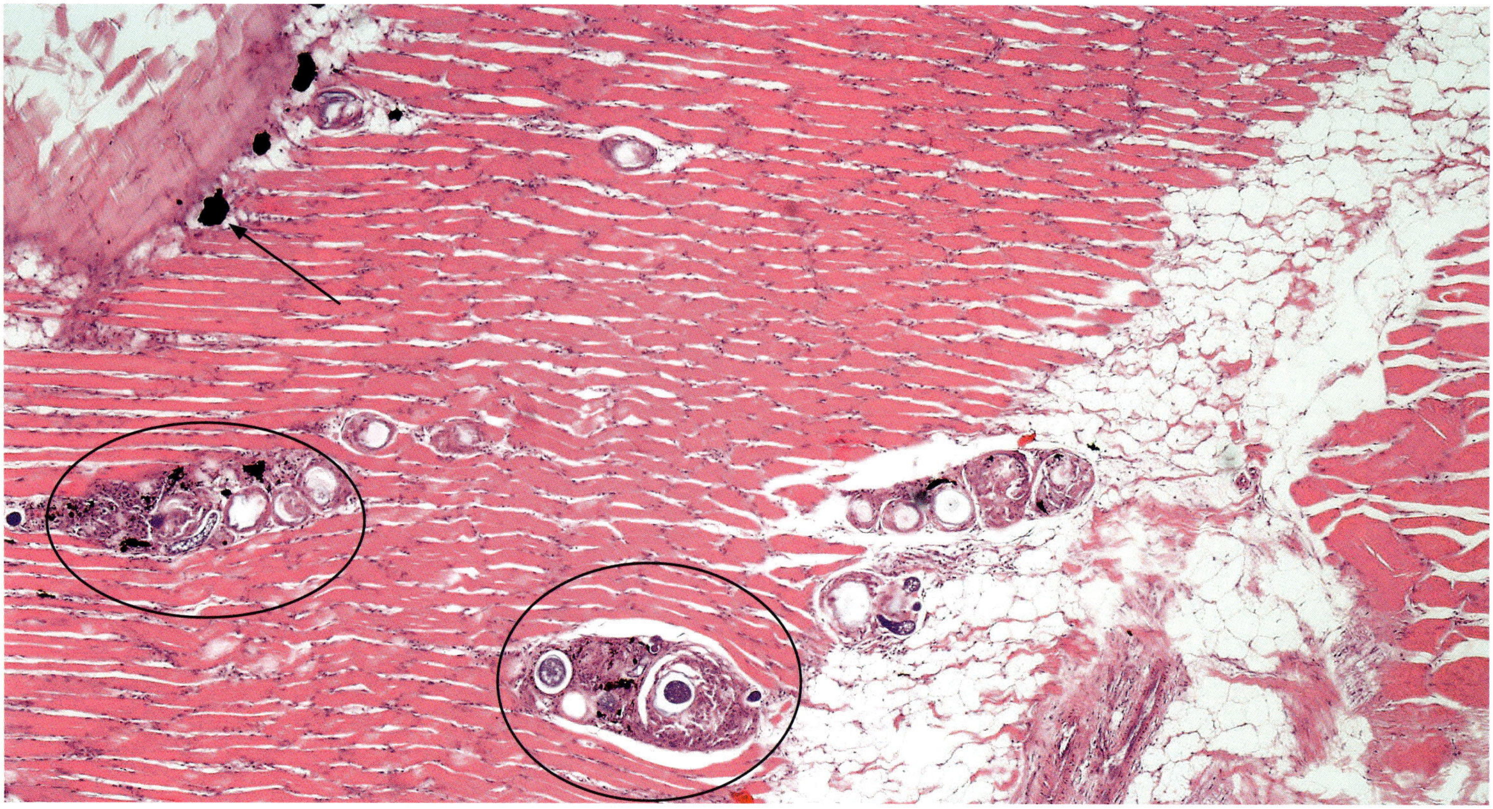

Granulome (Kreis) und Melaninablagerungen (Pfeil) in der Muskuatur; histologisches Präparat; HE-Färbung, 10-fach vergrößert
Foto: © Gerhard Loupal

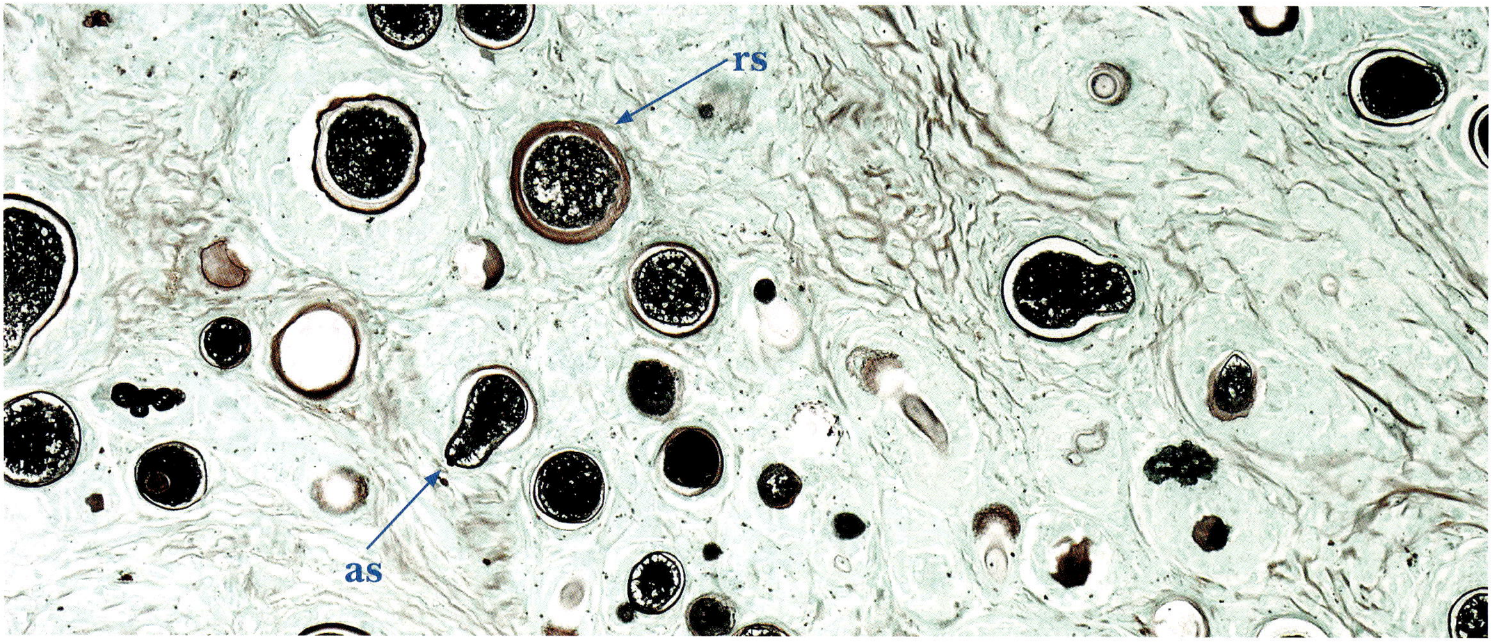

Granulom im Herz mit doppelwandigen resting spores (rs) und aussprossenden Sporen (as); histologisches Präparat, Grocott-Färbung, 100-fach vergrößert Foto: © Gerhard Loupal

DERMOCYSTIDIOSIS

Haut- und Kiemenerkrankung, beschrieben bei verschiedenen Fischarten (Aale, Chinook-Lachse, Koi, Goldfische, Hecht u. a.).

Erreger: *Dermocystidium* spp. (*Ichthyosporea*)

Krankheitsverlauf: Bei Kiemenbefall kann es abhängig vom Alter der Fische und der Wassertemperatur zu Massenverlusten kommen.

Symptome: Auf der Haut bilden sich zuerst runde oder ovale rötliche Erhebungen, dann weißgraue Knötchen (Papeln), die Hyphen bzw. Sporen enthalten; diese werden auch in Kiemen und Milz beschrieben.

Koi; Papeln auf der Haut Foto: © Oliver Hochwartner

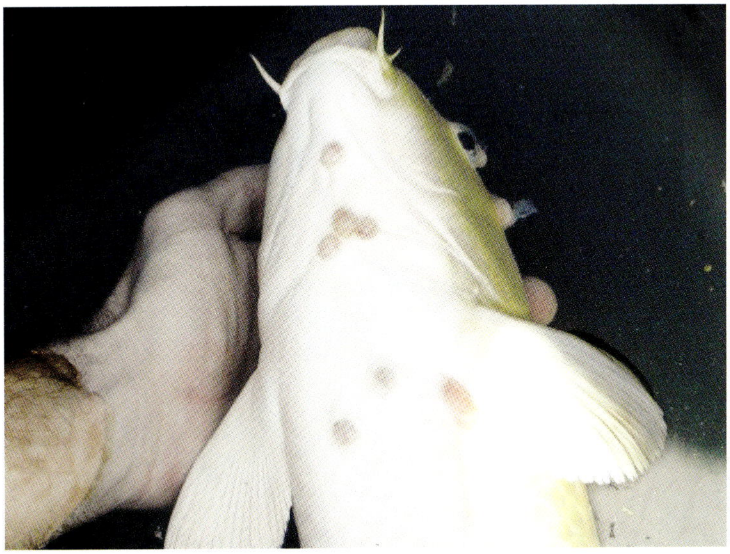

Derselbe Koi; andere Ansicht Foto: © Oliver Hochwartner

NEONKRANKHEIT

Pleistophora-Arten kommen im Meer- und Süßwasser sowohl bei Nutz- als auch Zierfischen vor, z. B. *Pleistophora anguillarum* beim Japanischen Aal. Sie werden mittlerweile systematisch zu den Pilzen (*Microsporidia*) gezählt.

Erreger: *P. hyphessobryconis*; dieser wurde zuerst beim Neonsalmler beschrieben; andere Salmlerarten können auch erkranken.

Verlauf: verlustreich

Symptome: Absondern vom Schwarm, Farbverlust, weißlich durchschimmernde Stellen in der Muskulatur (Erweichung bis Verflüssigung des Gewebes); seitliche Verkrümmung.

HINWEIS: OHNE ABBILDUNG.

KREBSPEST (CRAYFISH PLAGUE)

Hochkontagiöse Krankheit aller in Europa heimischen Dekapoden (Zehnfußkrebse); auch australische Krebsarten sind davon betroffen.

Erreger: *Aphanomyces astaci* (*Peronosporomycetes*)

Krankheitsverlauf: seuchenhaft mit hohen Verlusten; bestandsbedrohend!

Symptome: variabel, u. a. abhängig von Temperatur.

- **Äußerlich:** schlaffe Lähmung, u. U. Verlust der Extremitäten, watteähnliche Auflagerungen z. B. auf den Augen und Gelenkshäuten, dunkelbraun bis schwarze (melanisierte) Flecken in der Kutikula; verminderter bzw. fehlender Fluchtreflex, unkoordinierte Bewegungen.
- **Innerlich:** Aufhellungen der Muskulatur.

HINWEIS: OHNE ABBILDUNG.

BRANDFLECKENKRANKHEIT

Erkrankung europäischer, nordamerikanischer und australischer dekapoder Krebsarten, die meist nur einzelne Individuen betrifft und mit geringer Mortalität einhergeht.

Erreger: Neben der Beteiligung chitinolytischer (chitinzersetzender) Bakterien werden verschiedene, für einzelne Krebsarten wirtsspezifische Pilze vermutet.

Symptome: Rundliche braune bis schwarze Flecken, die rot umrandet sein können. Das Zentrum der Flecken kann weich sein oder bereits fehlen (Chitinolyse).

HINWEIS: OHNE ABBILDUNG.

4. Parasitosen

Parasiten
Organismen, die zwingend (obligate P.) oder gelegentlich (fakultative P.), ständig (stationäre P.) oder zeitweise (temporäre P.) auf Kosten eines anderen Organismus (Wirt) leben, indem sie sich von dessen Körpersubstanz ernähren. Parasiten haben a priori nicht den Tod des Wirtes zum Ziel.

Ektoparasiten
Parasiten der Körperoberfläche; beim Fisch auf Haut und Kiemen.

Endoparasiten
Parasiten im Körper, z. B. Auge, Muskulatur, Darm, Blut, Niere.

Schwächeparasiten
Parasiten, die häufig in geringer Zahl am/im Fisch vorkommen ohne ihn zu schädigen; erst begünstigende (prädisponierende) Faktoren wie z. B. hohe Besatzdichte, schlechte Wasserqualität, mangelnde Kondition führen zur starken Vermehrung und zur klinisch manifesten Parasitose.

Entwicklungszyklen
Einige Parasiten entwickeln sich indirekt, d.h. über Zwischenwirte. Diese beherbergen bestimmte Larvenstadien eines Parasiten. Im Endwirt gelangen sie zur Geschlechtsreife. Fische können Zwischenwirte, Endwirte oder beides sein. Bei den Bandwürmern wird die erste Larve als Procercoid und die zweite Larve als Plerocercoid (Finne) bezeichnet.

4.1. PROTOZOA (EINZELLER)

4.1.1. SARCOMASTIGOPHORA (GEISSELTIERCHEN UND AMÖBEN)

Cryptobia spp. (syn. Trypanoplasma)
Erreger der sog. Schlafkrankheit. Sie besitzen zwei Geißeln und leben entweder als Kommensalen auf den Fischkiemen (*Cryptobia branchialis*) oder als Parasiten im Blut (*C. salmositica, C. tincae, C. borelli*).

Entwicklung: Vermehrung durch Teilung

Krankheitsverlauf: Die Schlafkrankheit (auch Schlaffsucht genannt) ist v. a. bei Karpfen, Schleien, Karauschen und pflanzenfressenden Cypriniden von Bedeutung. Die im Blut lebenden Parasitenarten entwickeln sich über Fischegel als Zwischenwirte und Vektoren.

Symptome: Apathie, Kachexie, Anämie

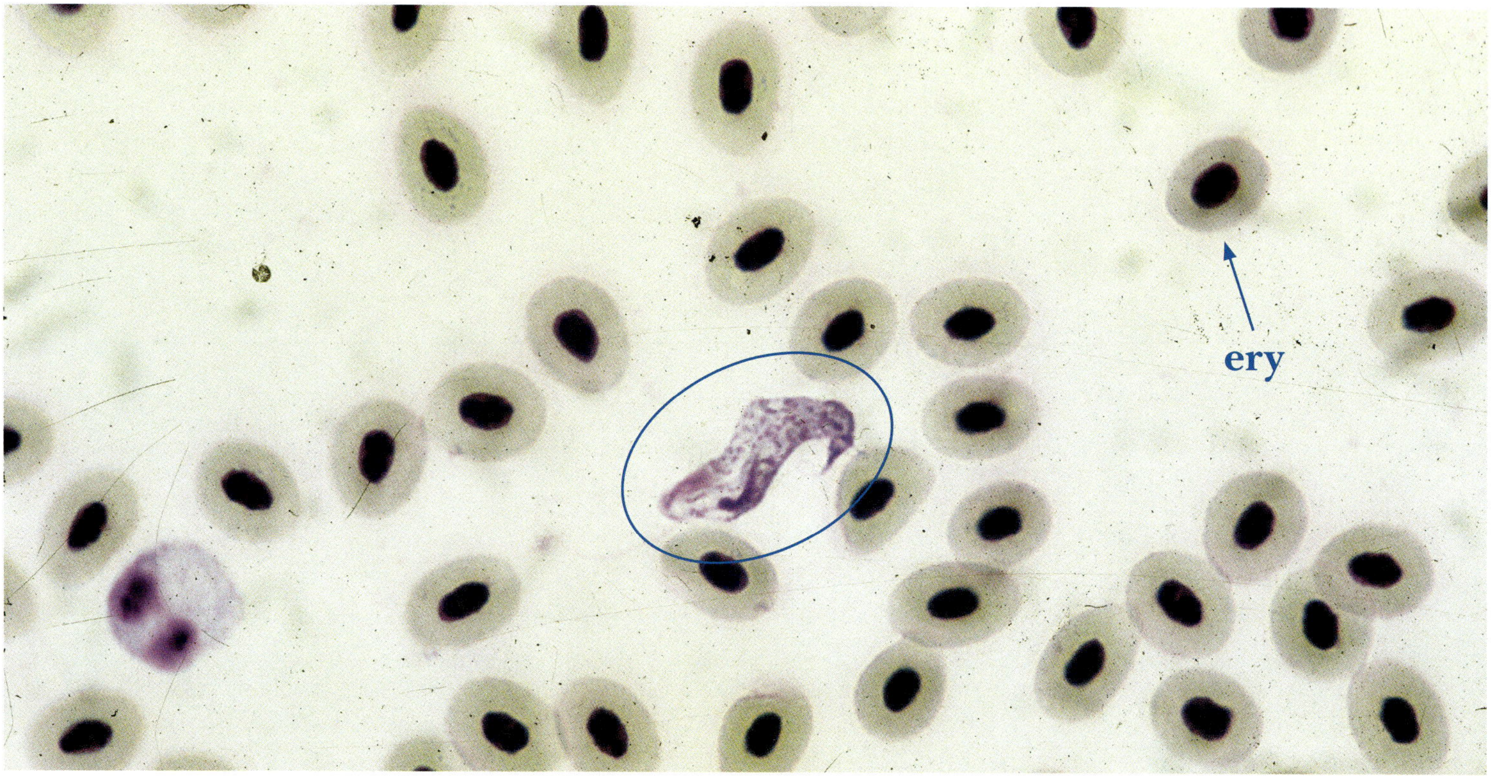

Cryptobia sp. zwischen Erythrozyten (ery); Blutausstrich, HE-Färbung, 400-fach vergrößert Foto: © Fritz Wachtl

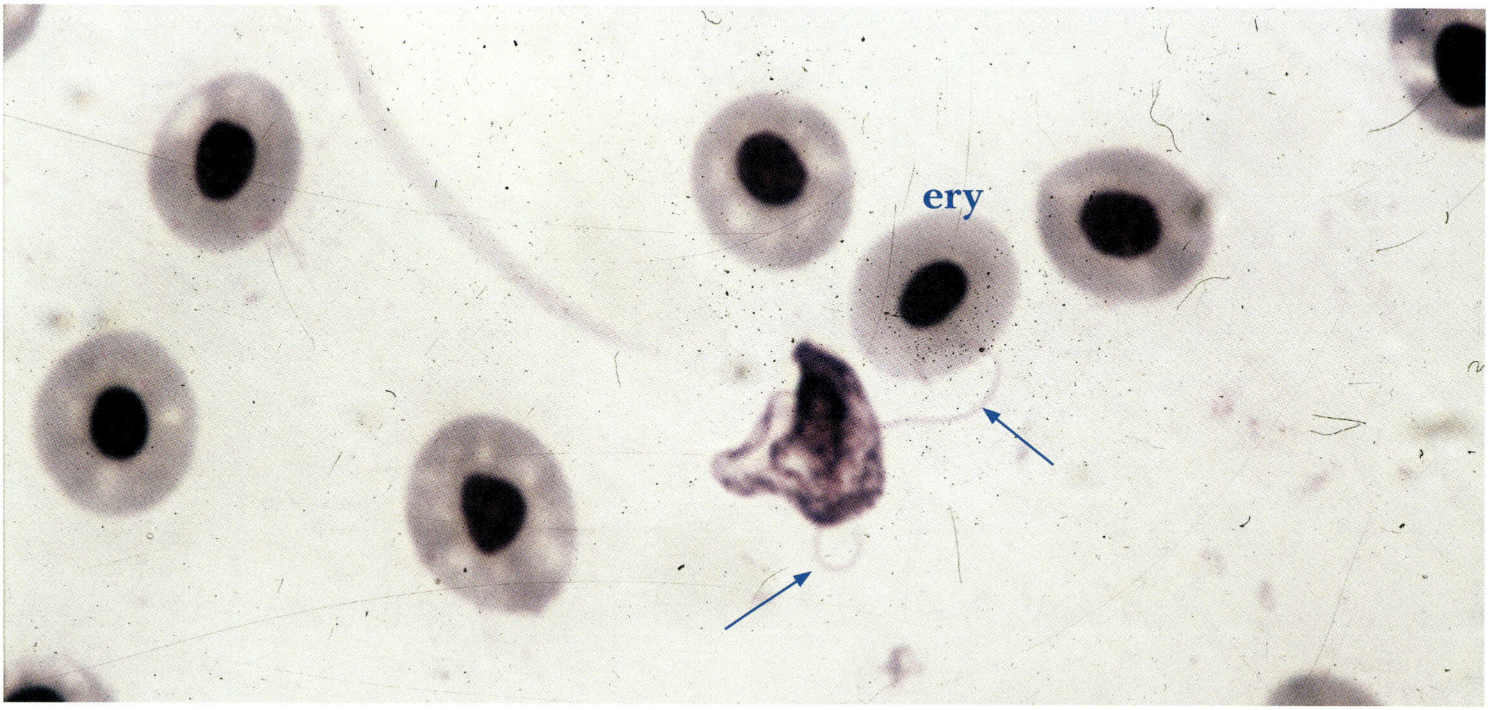

Cryptobia tincae mit zwei Geißeln (Pfeil); Erythrozyten (ery); Blutausstrich einer Schleie, HE-Färbung, 400-fach vergrößert
Foto: © Fritz Wachtl

Ichthyobodo necator (auch I. necatrix, syn. Costia necatrix)
Einer der sog. Haut- und Kiementrüber. Größe etwa 10 µm.

Entwicklung: Zwei Stadien:
1. **Motiles (freischwimmendes) Stadium** mit bohnenförmigem Körper und zwei Geißeln; typische taumelnde Fortbewegung. Vermehrung durch Teilung, Teilungsstadien mit vier Geißeln.
2. **Sessiles (festsitzendes) Stadium** mit birnenförmigem Körper und Haftscheibe zur Verankerung in Epithelzellen und Ernährung mit Protoplasma.

Krankheitsverlauf: Häufig vorkommender Schwächeparasit auf Haut und Kiemen aller Süßwasserfischarten. Besonders gefährdet sind Brütlinge und Setzlinge; u. U. verlustreicher Verlauf durch Massenvermehrung des Parasiten und Bildung sog. Parasitenpflaster. *I. necator* überlebt ohne Wirt nur bis zu einer Stunde.

Symptome: Trübung der Haut und Kiemen durch vermehrte Schleimbildung; Verlust des Hautschleimes; Scheuern, Flossenklemmen; Apathie; Kiemenschwellung; Atemnot.

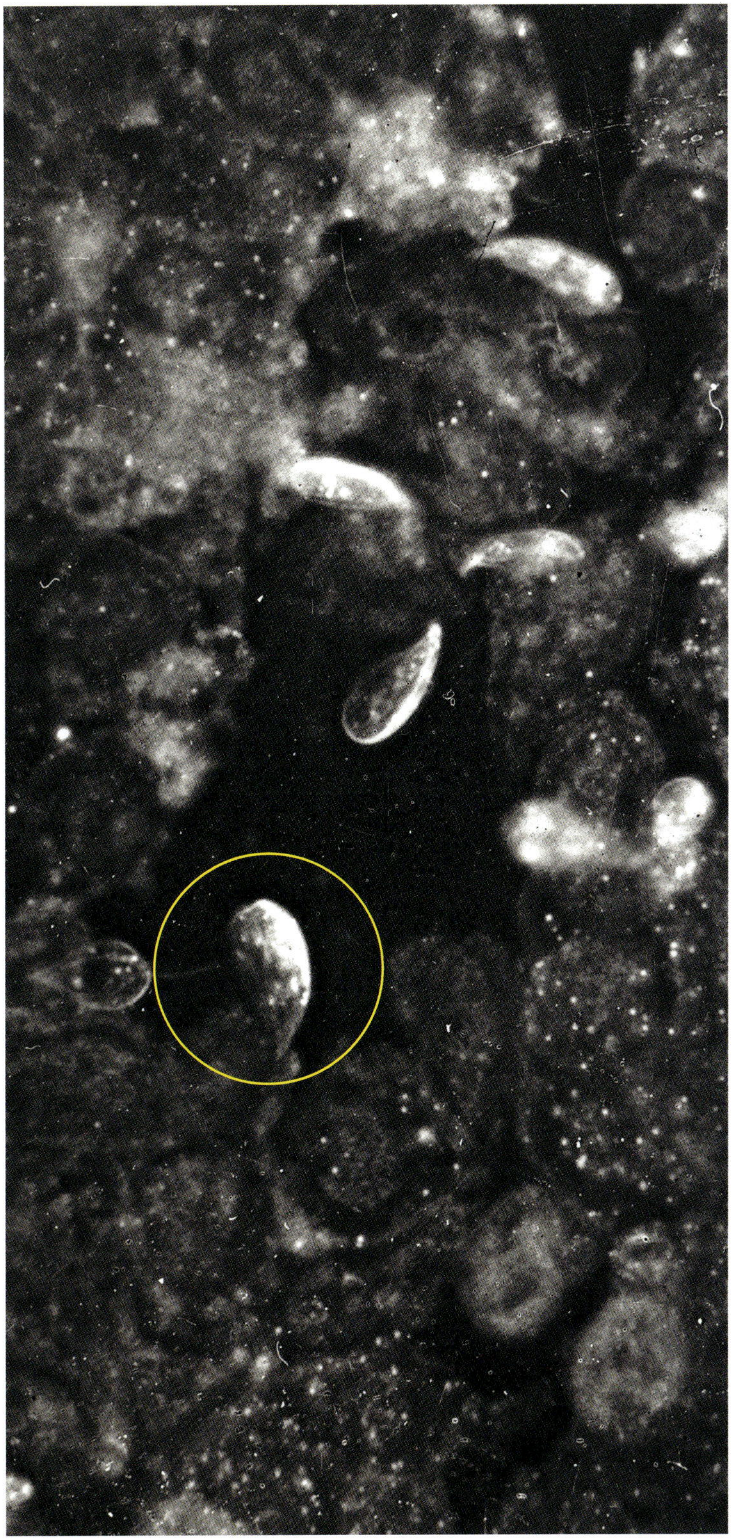

Ichthyobodo necator; Hautabstrich, Dunkelfeld, 400-fach vergrößert Foto: © Manfred Rydlo

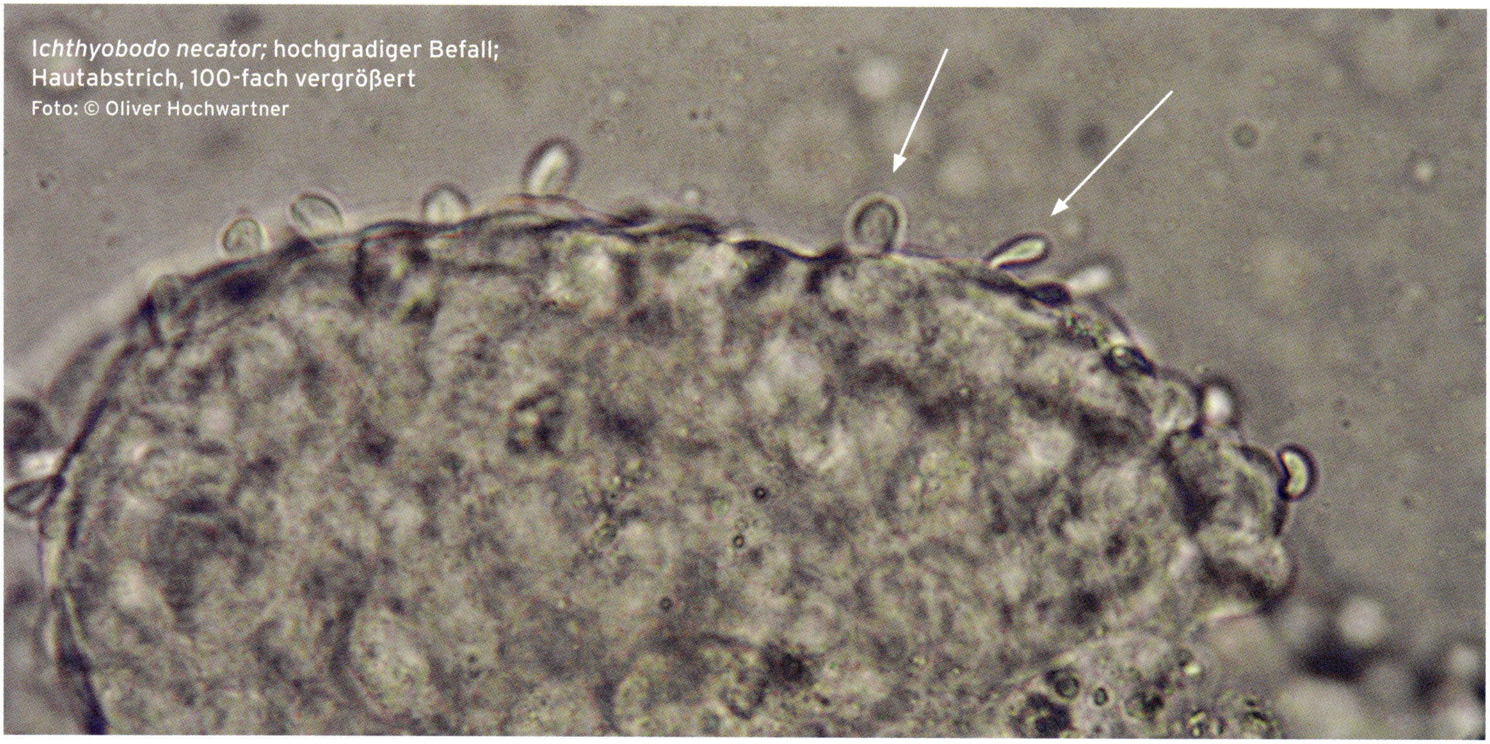

Ichthyobodo necator; hochgradiger Befall; Hautabstrich, 100-fach vergrößert
Foto: © Oliver Hochwartner

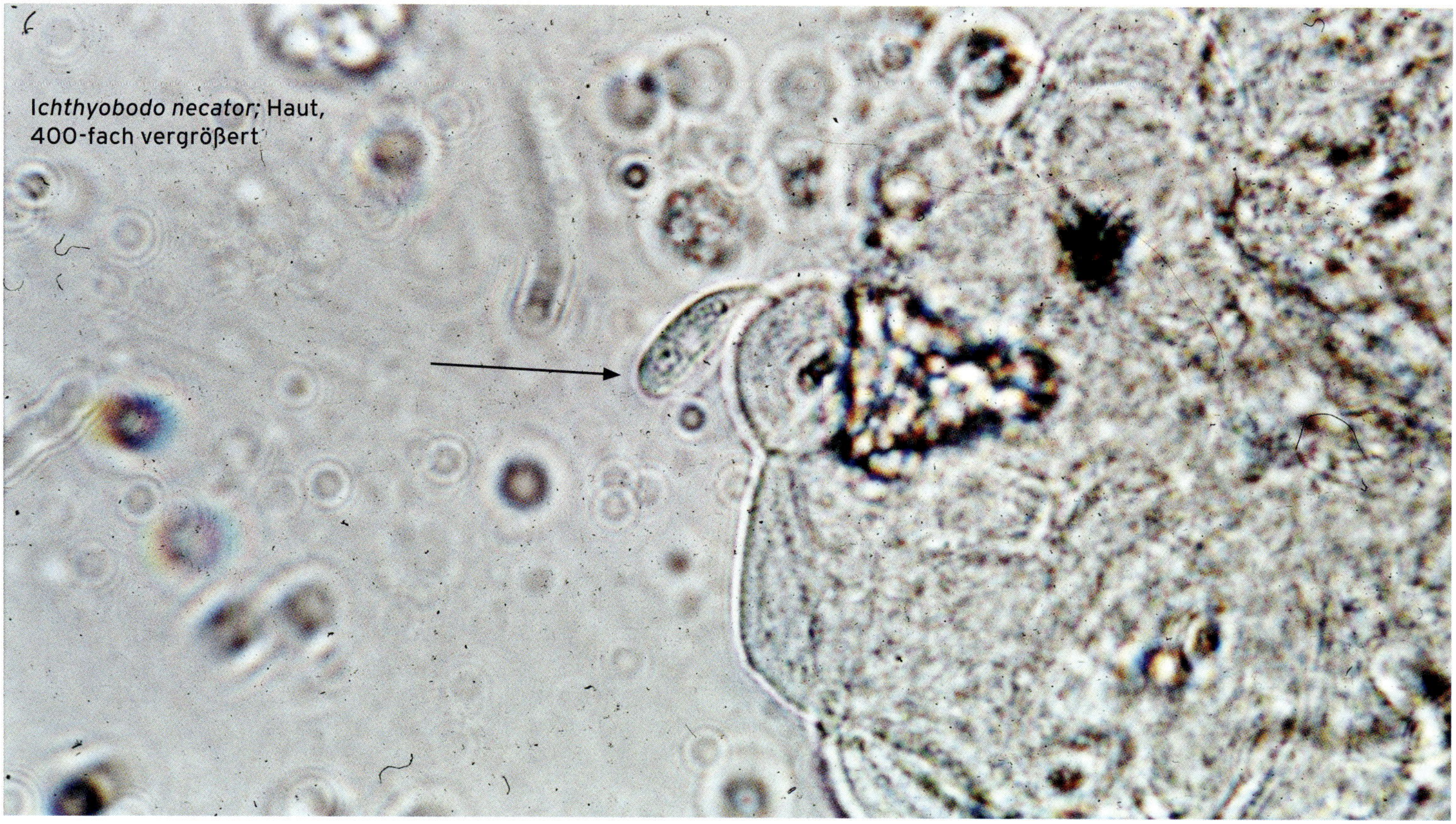

Ichthyobodo necator; Haut, 400-fach vergrößert

Hexamita intestinalis
Vermutlich identisch mit *H. symphysodonis*; weit verbreitete Darmparasiten bei Buntbarschen, die auch generalisiert (z. B. im Blut oder in der Gallenblase) oder auf der Haut (Lochkrankheit) vorkommen können. Länglich-ovaler Zellkörper, zwei Zellkerne; am Vorderende entspringen acht Geißeln, zwei davon werden in einer schmalen Röhre durch den Körper nach hinten geführt (Schleppgeißeln). Schnelle, leicht wellenförmige, um die Körperlängsachse drehende Fortbewegung.

Entwicklung: Vermehrung durch Teilung

Krankheitsverlauf: Typischer Schwächeparasit

Symptome: Nur bei hochgradigem Befall klinische Symptome: Randstehen, Dunkelverfärbung, Abmagerung, Enophthalmus, katarrhalische Enteritis (Absetzen von weißem, schleimigem Kot); Entzündung der Gallenblase; lochähnliche Hautveränderungen (vgl. Spironucleus).

HINWEIS: OHNE ABBILDUNG.

Spironucleus spp.
Spironucleus-Arten unterscheiden sich morphologisch von Hexamita v. a. durch die weit vorne und eng beieinanderliegenden länglichen Zellkerne. Sie leben endoparasitisch entweder generalisiert oder in bevorzugten Organen und können sowohl Kommensalen bei Wildfischen als auch Parasiten bei Fischen in Aquakulturen und in der Aquaristik sein (vgl. Hexamita).

HINWEIS: OHNE ABBILDUNG.

Neoparamoeba spp.
Amöben leben überwiegend im Süßwasser und sind vereinzelt fakultativ pathogen. Sie sind die Erreger der Amöbenkrankheit (Amöbose; AGD, ameobic gill disease) und charakterisiert durch ständige Formveränderung und Ausbildung von Scheinfüßchen (Pseudopodien).
Neoparamoeba (syn. *Paramoeba) pemaquidensis* und *N. branchiphila* werden im Salz- und im Süßwasser als Verursacher der proliferativen Kiemenerkrankung bei der Regenbogenforelle (Auftreten vor allem in den Wintermonaten), dem Atlantischen Lachs und Steinbutt beschrieben; berichtet wurde von ihnen auch beim Karpfen.

Entwicklung: durch Teilung

Symptome: Hochgradige Kiemenschwellung, Epithelwucherung und Verschmelzung der Sekundärlamellen, weißliche Verfärbung der Lamellenspitzen, Verschleimung, Kiemennekrose; Atemnot; mitunter hohe Verluste.

Amöbose; Regenbogenforelle; Kiemenschwellung mit streifigem Erscheinungsbild Foto: © Bernhard Eckel

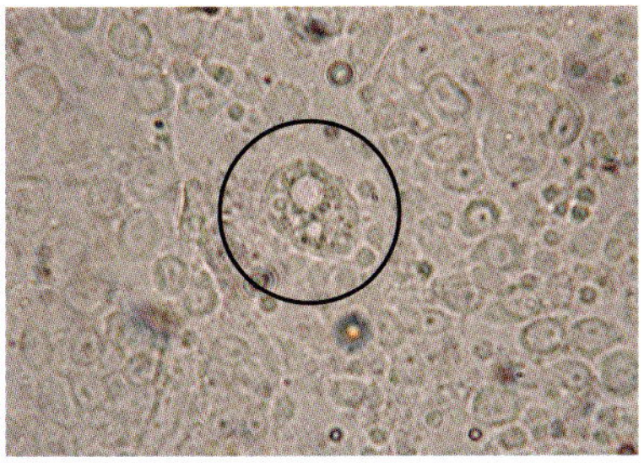

Neoparamoeba sp.; Regenbogenforelle; Kiemenabstrich; 1.000-fach vergrößert Foto: © Elisabeth Nardy

4.1.2. CILIOPHORA (WIMPERTIERCHEN)

Chilodonella spp.
Einer der sogenannten Haut- und Kiementrüber; auch als „großer herzförmiger Hauttrüber“ bezeichnet; Größe etwa 40 x 80 µm. Typische parallele Anordnung der Wimpern in zwei Cilienfeldern.

Entwicklung: Vermehrung durch Teilung. Bildet bei ungünstigen Lebensbedingungen Zysten, die im Wasser bzw. Schlamm überleben können.

Krankheitsverlauf: Typischer Schwächeparasit. *Chilodonella cyprini* bevorzugt Wassertemperaturen zwischen 5 und 10 °C und führt daher oft zu Problemen während der Hälterung über den Winter. *C. hexasticha* dagegen tritt bei Temperaturen zwischen 20 und 22 °C auf.

Symptome: Trübung der Haut und Kiemen durch vermehrte Schleimbildung; Scheuern, Flossenklemmen; Apathie; Kiemenschwellung; Atemnot.

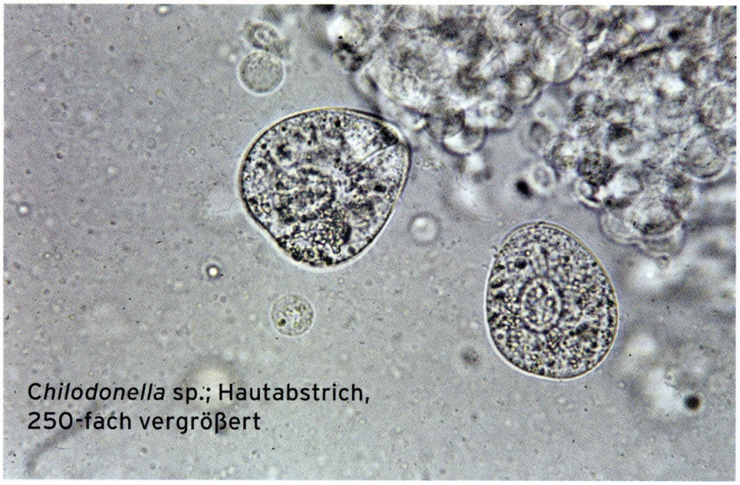
Chilodonella sp.; Hautabstrich, 250-fach vergrößert

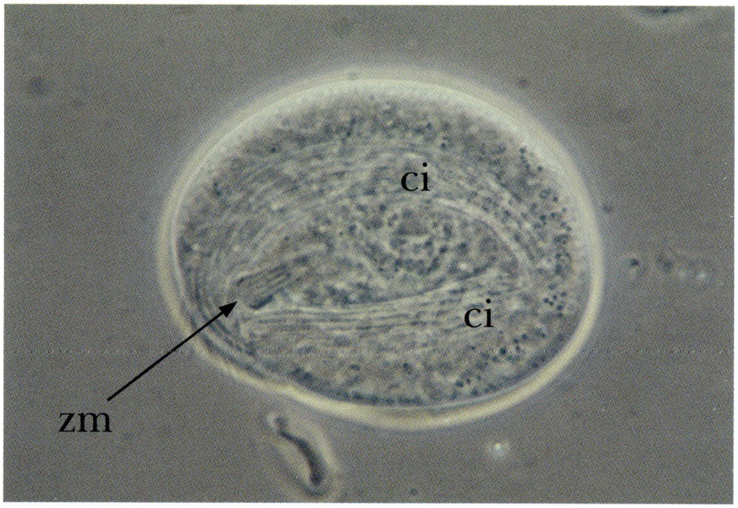

Chilodonella sp.; Cilienfeld (ci), Zellmund (zm), Hautabstrich, 1.000-fach vergrößert

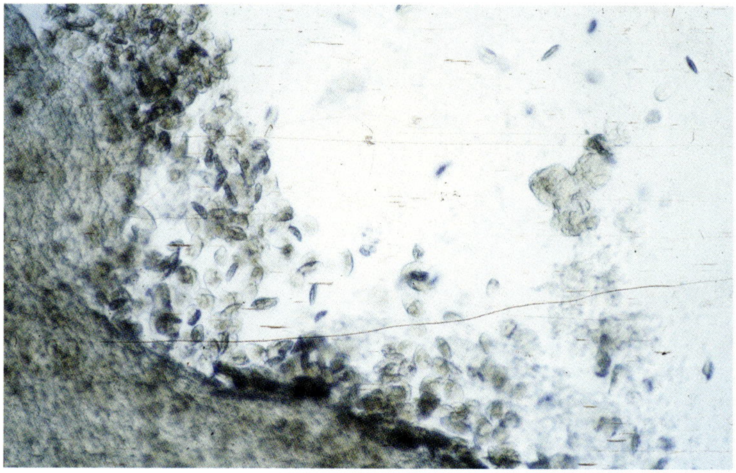
Chilodonella sp.; Massenbefall, Hautabstrich, 100-fach vergrößert

Trichodina spp.
Einer der sog. Haut- und Kiementrüber; Größe etwa 60 µm. Körperform in der Aufsicht kreisrund, räumlich betrachtet hutförmig gewölbt; die Bewimperung dient der Fortbewegung, eine zum Zellmund gerichtete Wimpernspirale strudelt Nahrungsteilchen (z. B. Epidermiszellen) herbei; durch rotierende Bewegung werden mittels des auf der Zellunterseite liegenden Hakenkranzes Haut- und Kiemenzellen abgeschabt.

Entwicklung: Vermehrung durch Teilung

Krankheitsverlauf: typischer Schwächeparasit

Symptome: Trübung der Haut und Kiemen durch vermehrte Schleimbildung; Scheuern, Flossenklemmen; Apathie; Kiemenschwellung; Atemnot.

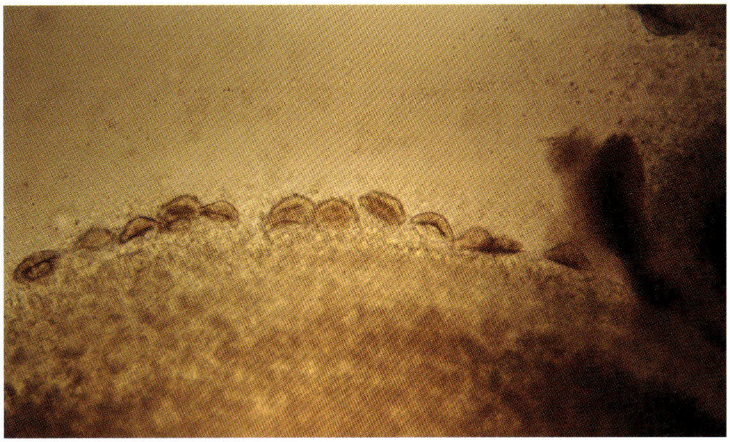

Trichodina sp.; hochgradiger Befall, Kiemenabstrich, 40-fach vergrößert

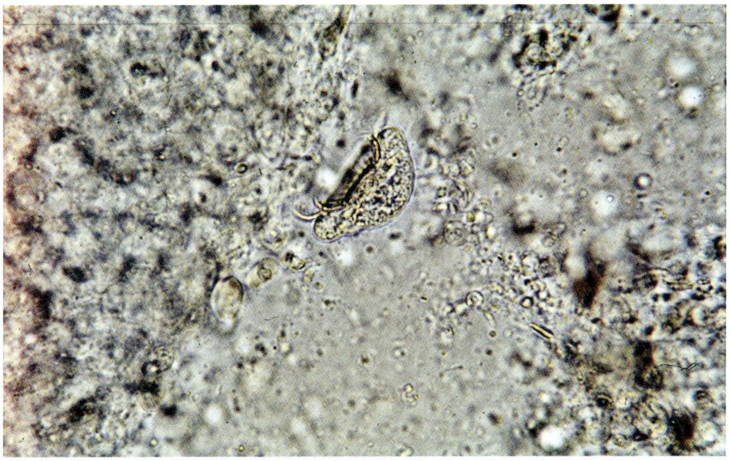

Trichodina sp. in Seitenansicht, 400-fach vergrößert

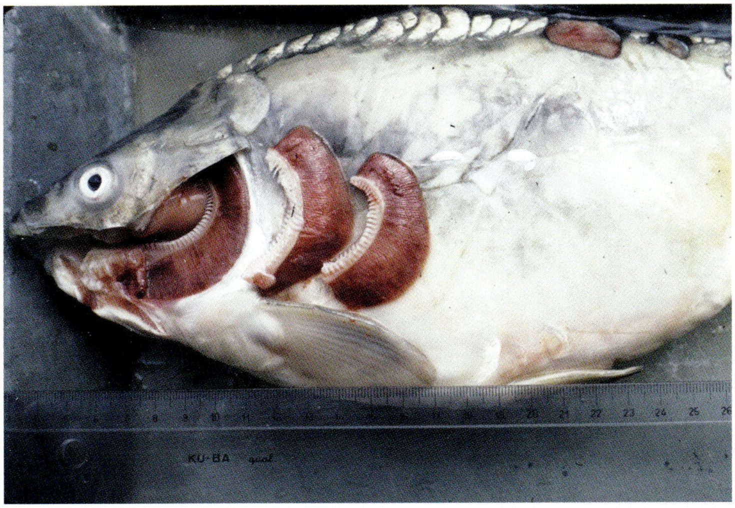

Karpfen; hochgradige Kiemenschwellung und –verschleimung durch Befall mit *Trichodina* sp.

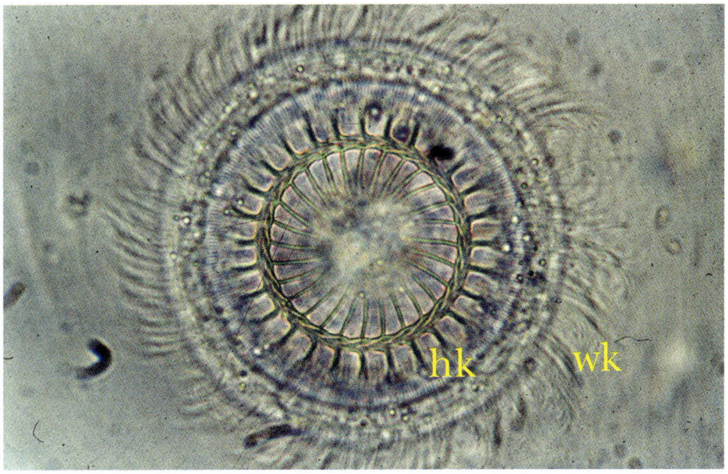

Trichodina sp.; Unterseite; Wimpernkranz (wk), Hakenkranz (hk), 400-fach vergrößert

Ichthyophthirius multifiliis
Erreger der sog. Grießkörnchenkrankheit (in der Aquaristik als Weißpünktchenkrankheit bezeichnet). Kugelförmiger Haut- und Kiemenparasit, holotrich (am ganzen Körper) bewimpert; adult bis zu 1,5 mm groß; drehend-kriechende Bewegung; typisch bohnen- bis hufeisenförmiger Makronukleus; ernährt sich von Gewebe und Körperflüssigkeiten.

Entwicklung: Vermehrung außerhalb des Wirtes über freilebende Boden- und Schwärmerstadien.

1. Reifende Parasiten (Trophonten) sitzen an der Basis der Epidermis, gut geschützt durch die darüber liegenden Hautzellschichten.
2. Dann bohren sich die reifen Parasiten nach außen und bilden am Grunde des Teiches Zysten (Tomonten).
3. In den Tomonten entstehen durch Vielfachteilung bis zu 2.000 Schwärmer (Tomiten).
4. Aus den Tomiten entwickeln sich hochinfektiöse, birnenförmige und bewimperte Theronten, die aktiv einen Wirt aufsuchen und sich mittels Drehbewegungen unter die Oberhaut bohren.
5. Dort wachsen die Theronten zu Trophonten heran. Die Schwärmer sterben ab, wenn sie nicht innerhalb von 55 Stunden einen Wirt finden. Die Dauer des Entwicklungszyklus ist temperaturabhängig, wobei höhere Temperaturen die Entwicklung beschleunigen.

Krankheitsverlauf: Bei Temperaturen > 12 °C Massenvermehrung, akuter Verlauf mit hoher Mortalität, besonders bei hoher Haltungsdichte. Belastbare Immunität bei überlebenden Fischen.

Symptome: Scheuern, Springen, Flossenklemmen; Haut- und Kiementrübung, Ablösen der Schleimschicht und Epidermis; verstärkte Atmung. Trophonten sind als weiße, bis zu 1 mm große Pünktchen mit freiem Auge erkennbar.

Karpfen; Grießkörnchenkrankheit hochgradig

Karpfen; Grießkörnchenkrankheit hochgradig

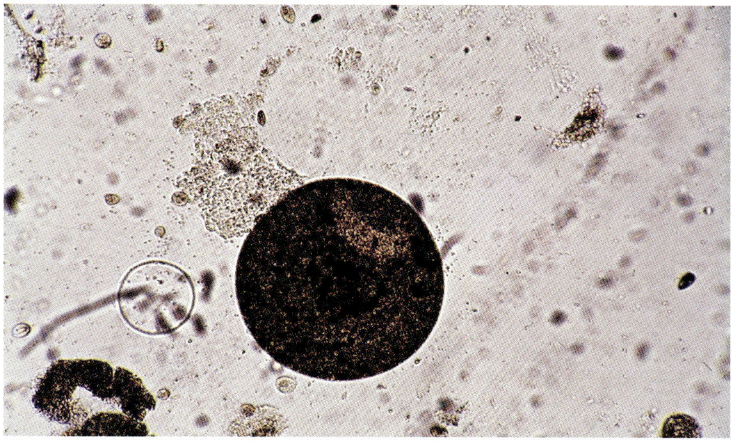
Ichthyophthirius multifiliis, Trophont, bohnenförmiger Makronukleus, 40-fach vergrößert

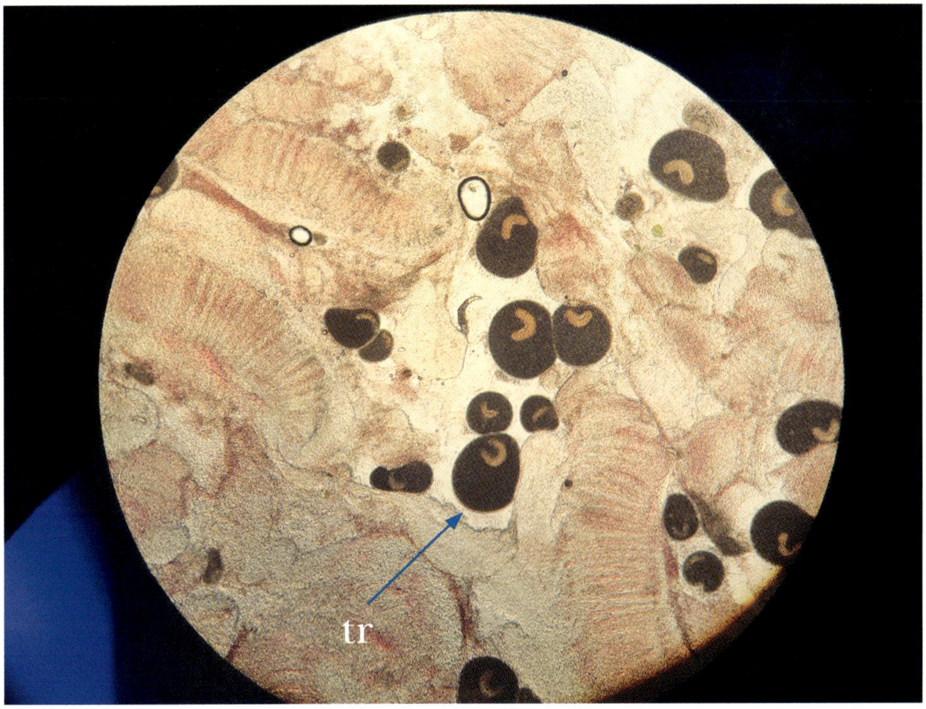

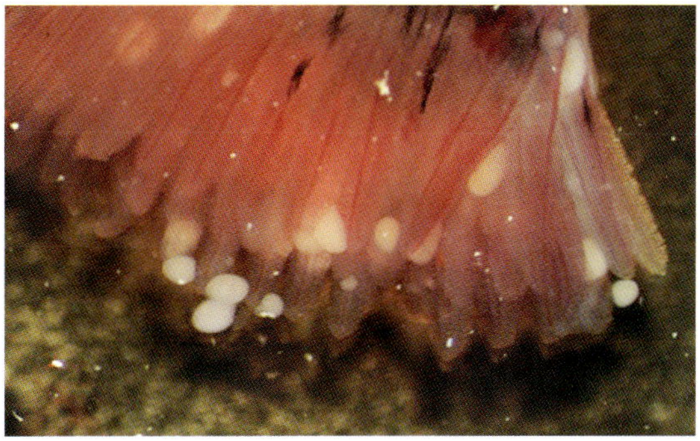

Ichthyophthirius multifiliis, Trophonten auf Kiemen

Ichthyophthirius multifiliis, Trophonten (tr) mit bohnen- oder hufeisenförmigem Makronukleus; Kiemenabstrich, 40-fach vergrößert

Foto: © Oliver Hochwartner

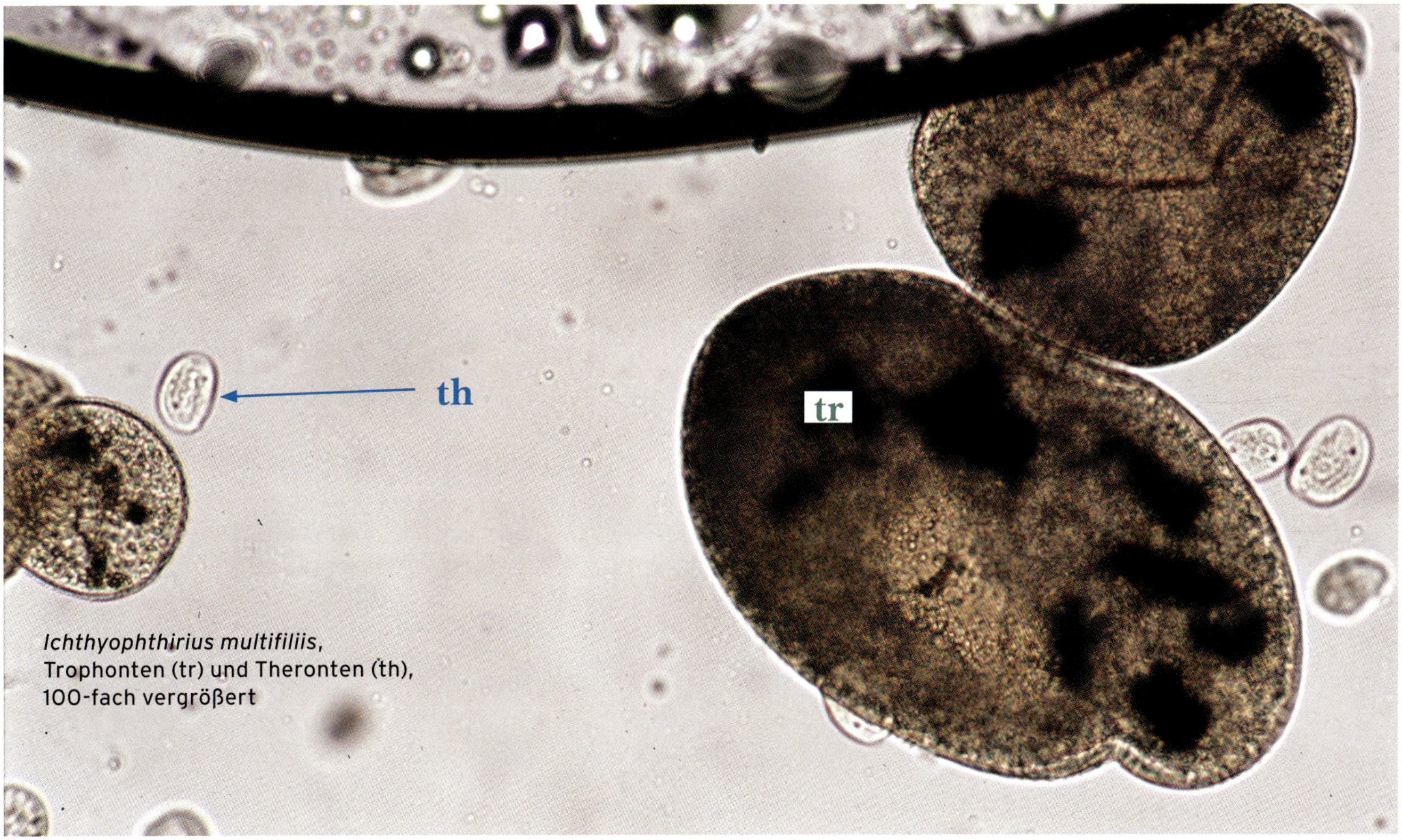

Ichthyophthirius multifiliis, Trophonten (tr) und Theronten (th), 100-fach vergrößert

Apiosoma (syn. Glossatella) piscicola und Epistylis spp.

Festsitzende Glockentierchen, Kommensalen auf Haut und Kiemen; Haut- und Kiementrüber. Eine dichte Besiedelung der Kiemen kann deren Funktion beeinträchtigen; massives Auftreten ist ein Hinweis auf hohen Nährstoffreichtum eines Gewässers und/oder schlechte Kondition der Fische.

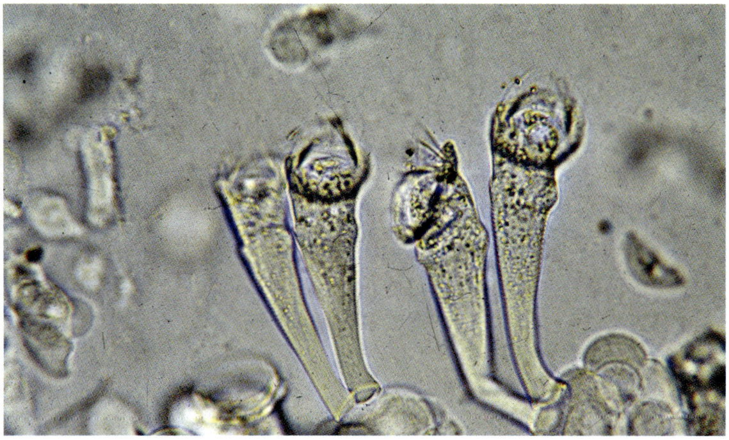

Apiosoma sp.; Regenbogenforelle, Hautabstrich; Wimpernkranz um das Mundfeld, Stiel zum Anhaften, 100-fach vergrößert

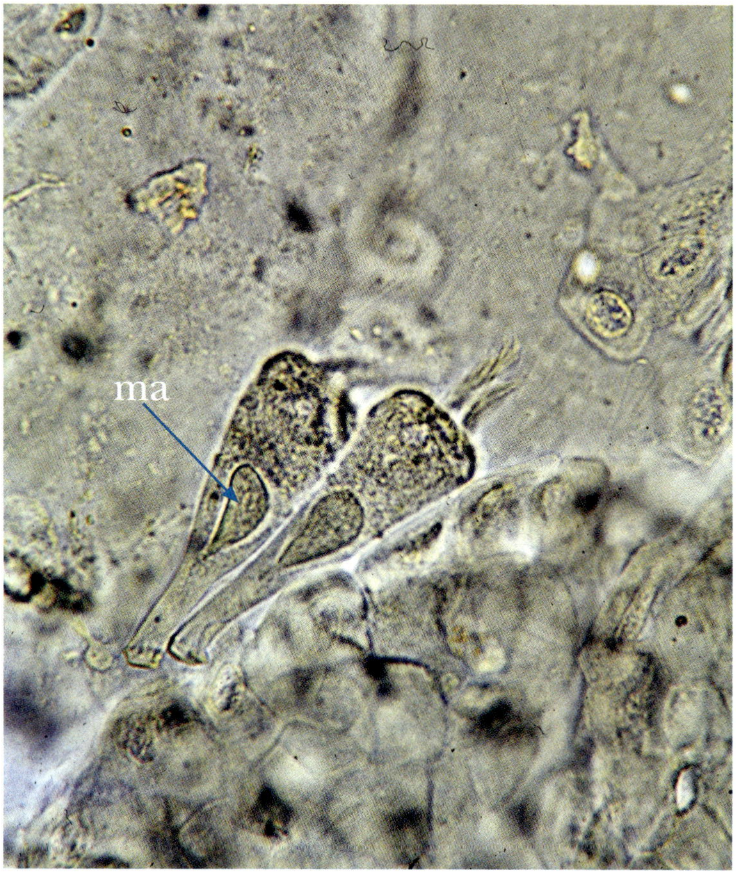

Apiosoma sp.; Bachforelle, Hautabstrich; Makronukleus (ma), 100-fach vergrößert

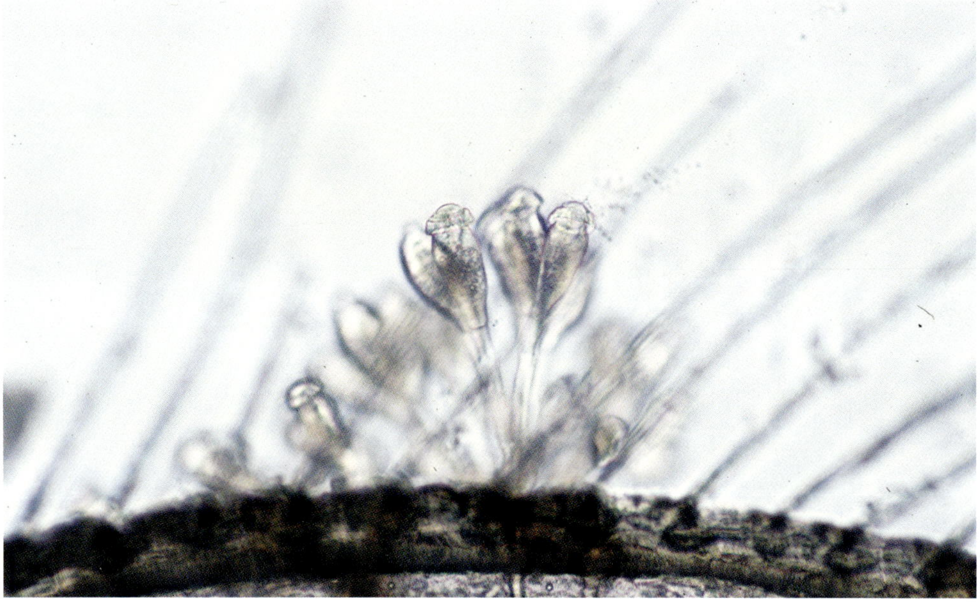

Epistylis sp.; im Bereich der Rückenflosse; 100-fach vergrößert

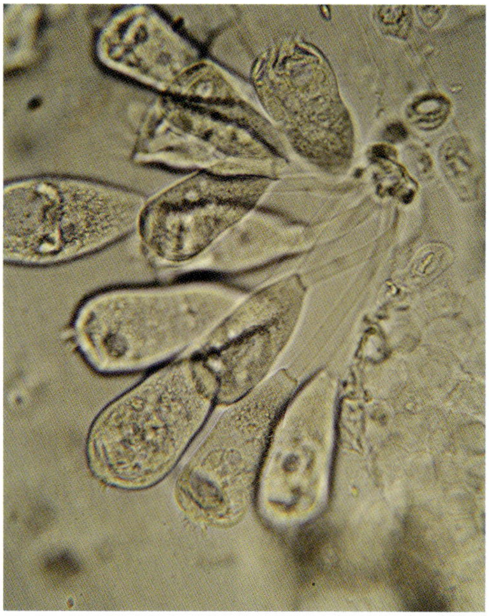

Epistylis sp.; Hautabstrich; lange, teils verzweigte Stiele; 400-fach vergrößert

Suctorien (Sauginfusorien)
Wimpernlose Kommensalen; besitzen Saugtentakel zum Beutefang (andere Wimpertiere). Bewachsen meist bestimmte Trägerorganismen an ausgesuchten Körperstellen: z. B. Krebse (Augen, Antennen) oder Fische (Haut und Kiemen).

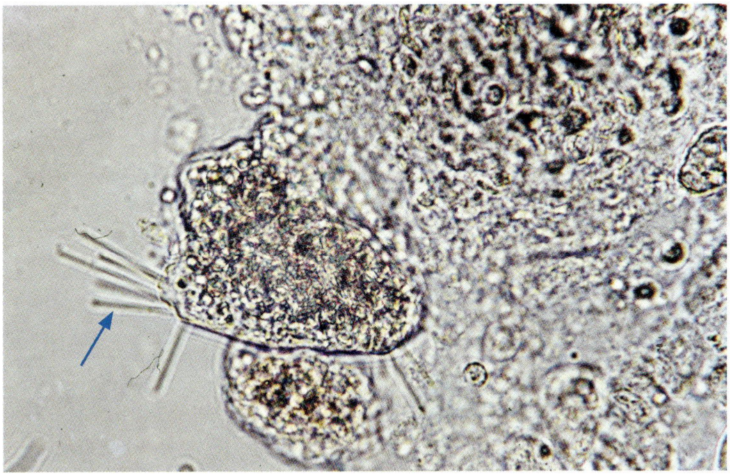

Suctorien; Amerikanischer Seesaibling; Kiemenabstrich; Saugtentakel (Pfeil), 400fach vergrößert

Suctorien; Amerikanischer Seesaibling; Massenbefall auf den Kiemen, 25-fach vergrößert

Suctorien; Amerikanischer Seesaibling; Massenbefall auf den Kiemen, 10-fach vergrößert

4.1.3. APICOMPLEXA

Goussia spp. (vormals Eimeria)
Intrazellulär in verschiedenen Organen parasitierende Einzeller. Erreger von Darmentzündung bei Karpfen, verursacht durch *Goussia carpelli* (Enteritiskokzidiose) und *G. subepithelialis* (Knötchenkokzidiose).

Entwicklung: Komplizierter Zyklus, der auch eine sexuelle Fortpflanzungsphase (Gametogonie) enthält. Die infektiösen Stadien können im Wirt verbleiben oder ausgeschieden und von Zwischenwirten (Schlammröhrenwürmern) aufgenommen werden und durch deren Aufnahme wieder in einen Fisch gelangen.

Krankheitsverlauf: Gefährdet sind besonders einsömmrige Karpfen (K_1) im Frühjahr und während der Winterung.

Symptome: Darmentzündung; schleimiger Durchfall; Abmagerung und verlangsamtes Wachstum; Verluste nur bei Massenbefall.

HINWEIS: OHNE ABBILDUNG.

4.2. METAZOA (MEHRZELLER)

4.2.1. CNIDARIA (NESSELTIERE)

Die nachfolgend besprochenen Arten wurden früher als Einzeller betrachtet und als Myxozoa bezeichnet.

Myxobolus cerebralis
Erreger der Drehkrankheit der Salmoniden.

Entwicklung: Schlammröhrenwürmer (*Tubifex tubifex*) fungieren als Zwischenwirte. Die aufgenommenen Sporen vermehren sich in den Darmepithelzellen der Borstenwürmer und entwickeln sich zu sogenannten Triactinomyxon-Sporen. Nach dem Freisetzen aus dem Zwischenwirt schweben sie im Wasser mittels Caudalfortsätzen und bohren sich bei Wirtskontakt in das Epithel von Haut und Kiemen ein. Sie wandern ins Zentralnervensystem und danach in das umgebende Knorpelgewebe. Dort entstehen wieder rundliche, sehr widerstandsfähige Sporen (Sporogenese).

Krankheitsverlauf: Ein verlustreicher Verlauf ist möglich. Besonders betroffen sind Regenbogenforellen und Huchen; infiziert werden bevorzugt Brütlinge, deren Skelett noch nicht verknöchert ist. Nach abgeschlossener Verknöcherung sind die Sporen des Parasiten im Fisch eingeschlossen und werden erst nach dem Tod des Wirtes durch Fäulnis wieder frei. Auch fischfressende Vögel können Sporen mit dem Kot freisetzen. Diese Dauerstadien bleiben in Erdteichen jahrelang infektiös.

Symptome: Drehbewegungen um die eigene Längs- und Querachse (sog. Schwanzjagen) ausgelöst durch Erschütterungen; Schwarzfärbung des hinteren Körperabschnittes. Symptome einer überstandenen Drehkrankheit sind Schädeldeformationen (sogenannte. Mopsköpfe), Kiemendeckelverkürzungen und Wirbelsäulenverkrümmungen.

HINWEIS: ALLE ABBILDUNGEN ZU MYXOBOLUS CEREBRALIS BETREFFEN DIE REGENBOGENFORELLE.

Wirbelsäulenverkrümmungen

Wirbelsäulenverkrümmungen Foto: © Fritz Wachtl

"Mopskopf"

Schwarzfärbung des Schwanzstieles

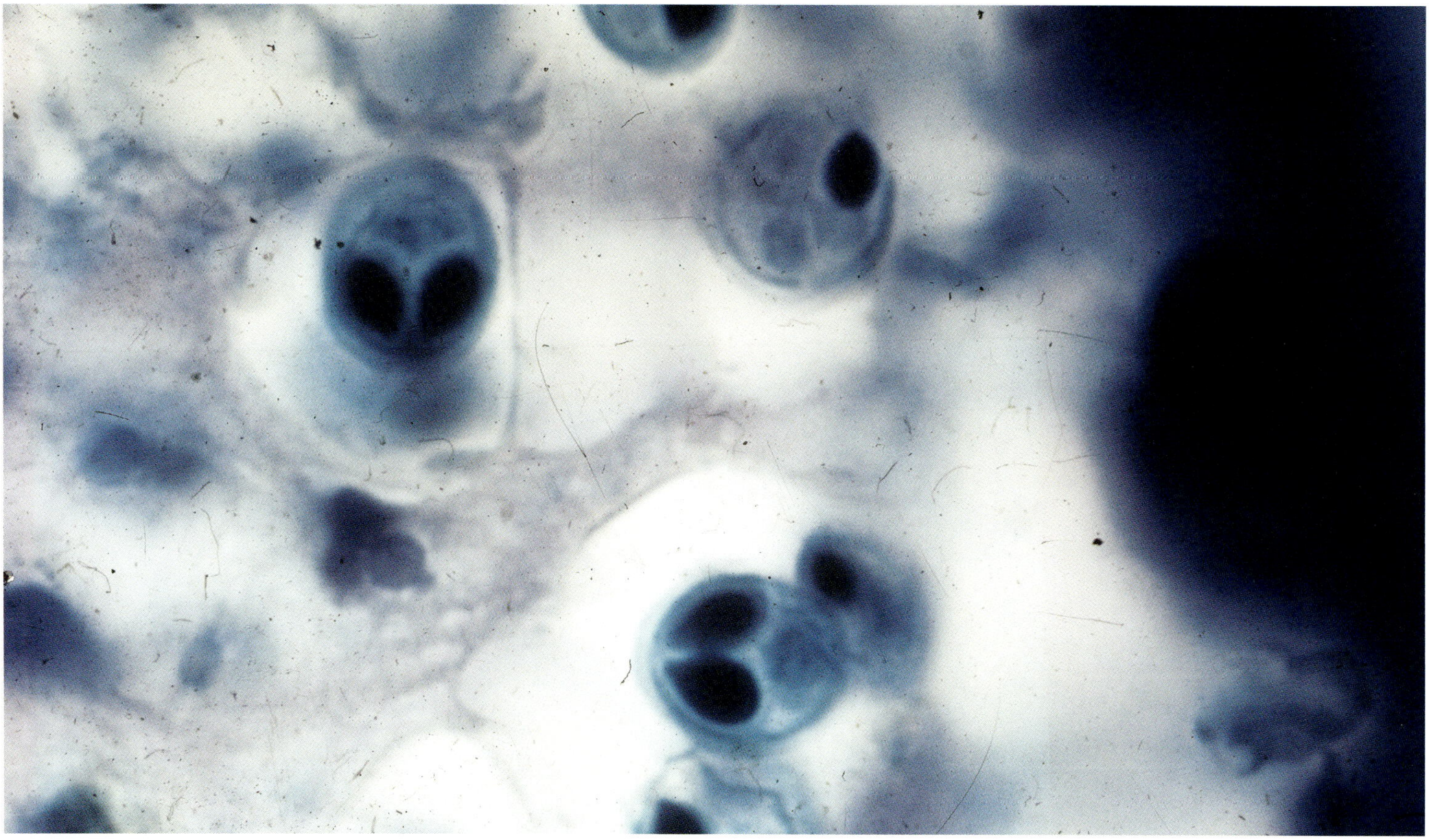

Myxobolus cerebralis, Sporen, Methylenblau-Färbung, 1.000-fach vergrößert Foto: © Fritz Wachtl

Myxobolus spp.
Erreger der sog. Beulenkrankheit und Knötchenkrankheit. Nur wenige Arten sind hochpathogen; sie befallen Haut, Kiemen, Muskulatur, parenchymatöse Organe (wie z. B. Leber, Milz, Niere), Skelett und Zentralnervensystem.

Entwicklung: Zyklus mit ungeschlechtlicher Vermehrung (Schizogonie) und Sporenbildung (Sporogonie).

Symptome:
1. **Beulenkrankheit:** Bildung von Zysten oder Beulen in der Muskulatur und/oder in inneren Organen verschiedener Fischarten, z. B. Beulenkrankheit der Cypriniden (*Myxobolus cyprini*, *M. pfeifferi*).
2. **Knötchenkrankheit:** Zysten-Bildung in Haut, Flossen, Kiemen und/oder in inneren Organen verschiedener Fischarten durch z. B. *M. exiguus*.

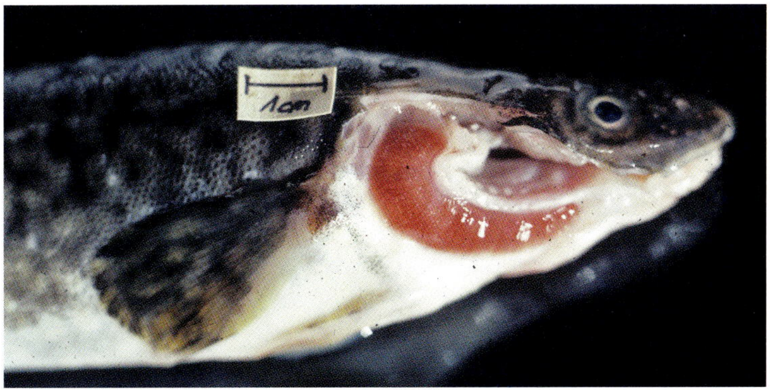

Myxobolus sp., Aalrutte, Kiemen; weiße punktförmige Zysten

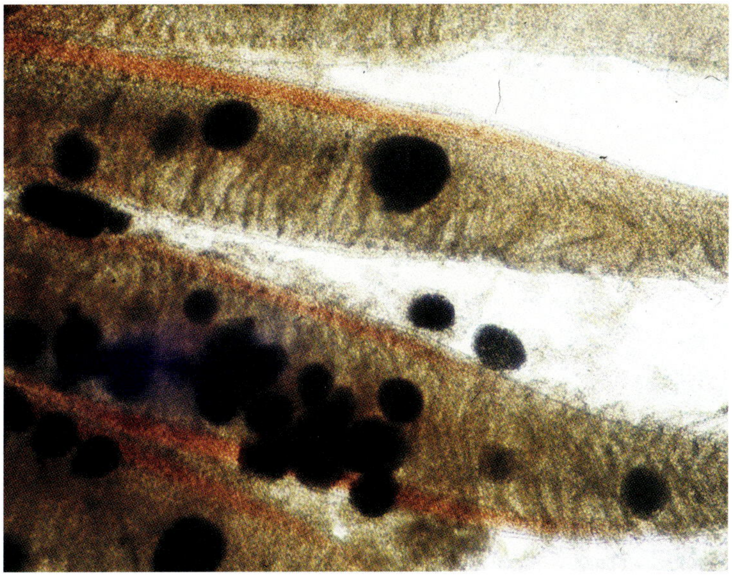

Myxobolus sp., Aalrutte, Kiemen; Zysten; 25-fach vergrößert

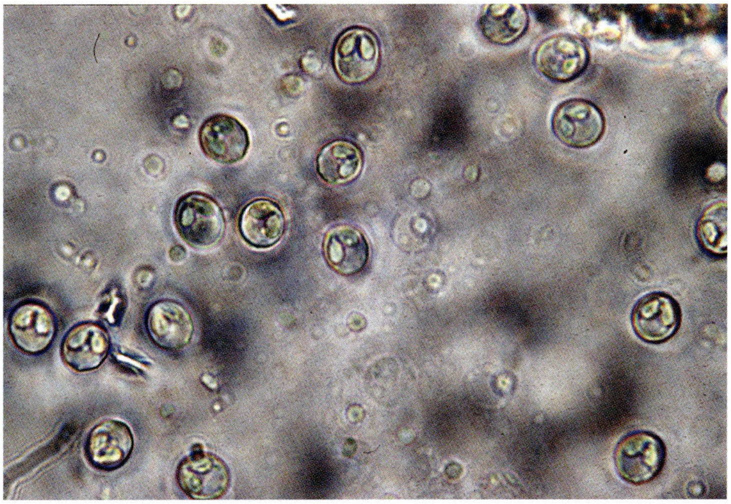

Myxobolus sp., Karpfen; Sporen; 400-fach vergrößert

Tetracapsuloides bryosalmonae
Erreger der Proliferativen Nierenkrankheit (PKD, proliferative kidney disease); früher als PKX-Zellen bezeichnet. Erkrankung der Salmoniden sowohl in Aquakulturen als auch im Freigewässer.

Entwicklung: Erfolgt über einen Wirtswechsel zwischen Fisch als Wirbeltier und Moostierchen (*Bryozoa*) als wirbellosen Wirt. In diesem liegen die Entwicklungsstadien in Form von einzelnen Zellen assoziiert mit der Körperwand oder als vielzellige, Sporen produzierende, sackförmige Stadien im Lumen vor. Die Sporen werden ins Wasser entlassen und sind infektiös für verschiedene Salmonidenarten, jedoch scheint v. a. die Bachforelle gefährdet zu sein. Moostierchen sind kolonienbildend und festsitzend (sessil). Einzeltiere sind wenige Millimeter groß; der Körper besteht aus Wohnröhre (Cystid) und Körperteil (Polypid); ein hufeisen- oder kreisförmiger Tentakelkranz dient zum Herbeistrudeln der Nahrung; Vermehrung geschlechtlich oder durch Knospung; Überwinterung in Form von Dauerstadien (Statoblasten).

Krankheitsverlauf: Manipulationen, Wasserqualität und Wassertemperatur beeinflussen Krankheitsverlauf und Ausfallsrate. Keine Ausfälle bei < 15 °C; hohe Verluste v. a. bei sekundär auftretenden Bakteriosen oder Virosen; befallene Fische erwerben Immunität.

Symptome: Nahrungsverweigerung, Apathie, Dunkelfärbung (vgl. Schwarze Bachforelle), Exophthalmus; Auftreibung des Abdomens; allgemeine Anämie, Schwellung von Milz und Niere.

PKD; Bachforelle; knötchenförmige proliferative Veränderungen in der Niere

Moostierchen, Kolonie

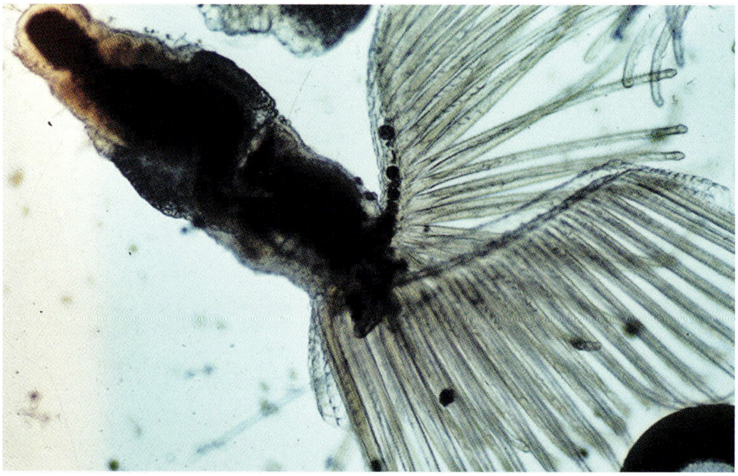
Moostierchen, Einzeltier mit hufeisenförmigem Tentakelkranz, 32-fach vergrößert

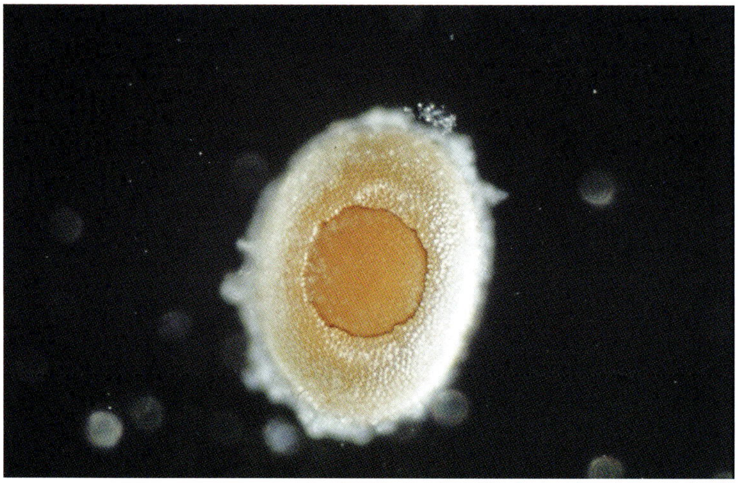
Moostierchen, Statoblast, 40-fach vergrößert

Sphaerospora renicola
Erreger der parasitär bedingten Schwimmblasenentzündung des Karpfens.

Entwicklung: Verläuft über einen wirbellosen Zwischenwirt (Schlammröhrenwurm, *Tubifex tubifex*). Verschiedene Entwicklungsstadien halten sich im Fisch in unterschiedlichen Organen auf:

1. Csabazellen (C-Zellen), Blutphase;
2. Stadien in der Schwimmblase;
3. Sporenbildung in den Nierentubuli. Weitere Sphaerospora-Arten treten bei verschiedenen Fischarten auf (z. B. Bachforelle, Rotfeder, Aalrutte); bei diesen fehlt die Schwimmblasenphase, die Blutphase ist optional.

Krankheitsverlauf: Akut v. a. bei Brut und einsömmerigen Karpfen, chronisch ohne Ausbildung von erkennbaren Symptomen bei älteren Fischen.

Symptome: Kopfstehen, Apathie, Dunkelfärbung; Schwimmblase verfärbt, trübe; Atrophie v. a. der hinteren Kammer; die Wand der Schwimmblase kann verdickt sein und Blutungen aufweisen (differentialdiagnostisch kommt SVC in Frage).

HINWEIS: OHNE ABBILDUNG.

4.2.2. MONOGENEA (SAUGWÜRMER MIT DIREKTER ENTWICKLUNG)

Gyrodactylus spp. (Hautsaugwurm)
Weltweit verbreitete Ektoparasiten; mit zahlreichen Arten in Süß- und Salzwasser vertreten (u. a. *Gyrodactylus elegans, G. truttae, G. salaris*). Bei uns vorkommende Arten sind gekennzeichnet durch ein zweizipfeliges Vorderende und einen Haftapparat (Haptor) am Hinterende mit zwei großen Zentralhaken und bis zu 16 Randhaken; Augenpunkte fehlen. Bis zu 0,8 mm lang.

Entwicklung: Vivipar (lebendgebärend); es können bis zu drei Generationen von Nachkommen im Adultus angelegt und mikroskopisch gut sichtbar sein; hohe Fortpflanzungsrate (temperaturabhängig).

Symptome: G. ernährt sich von Epidermiszellen und verursacht Hautverletzungen durch den Hakenapparat; er zählt zu den Hauttrübern; Hautreizung mit Entzündung und Trübungen; befallene Fische scheuern, springen; Flossenklemmen; G. ist auch auf den Kiemen zu finden.

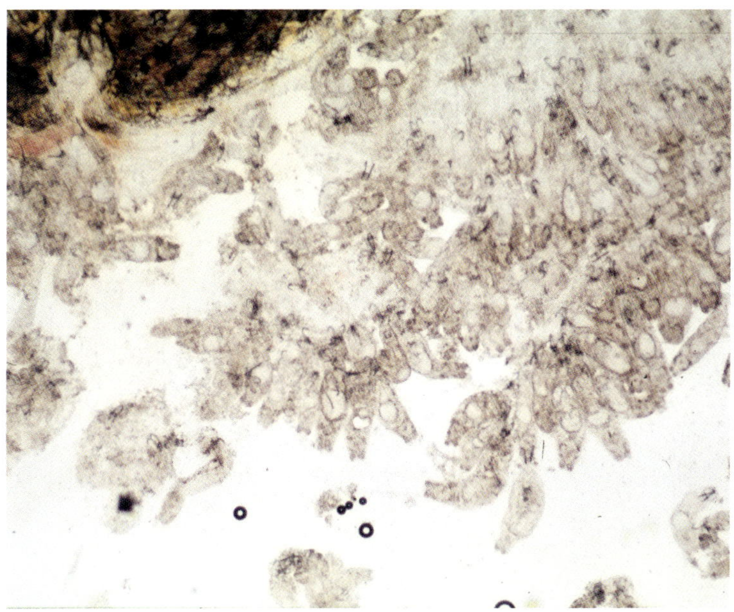

Gyrodactylus sp.; Karpfen; Massenbefall; Hautabstrich, 25-fach vergrößert

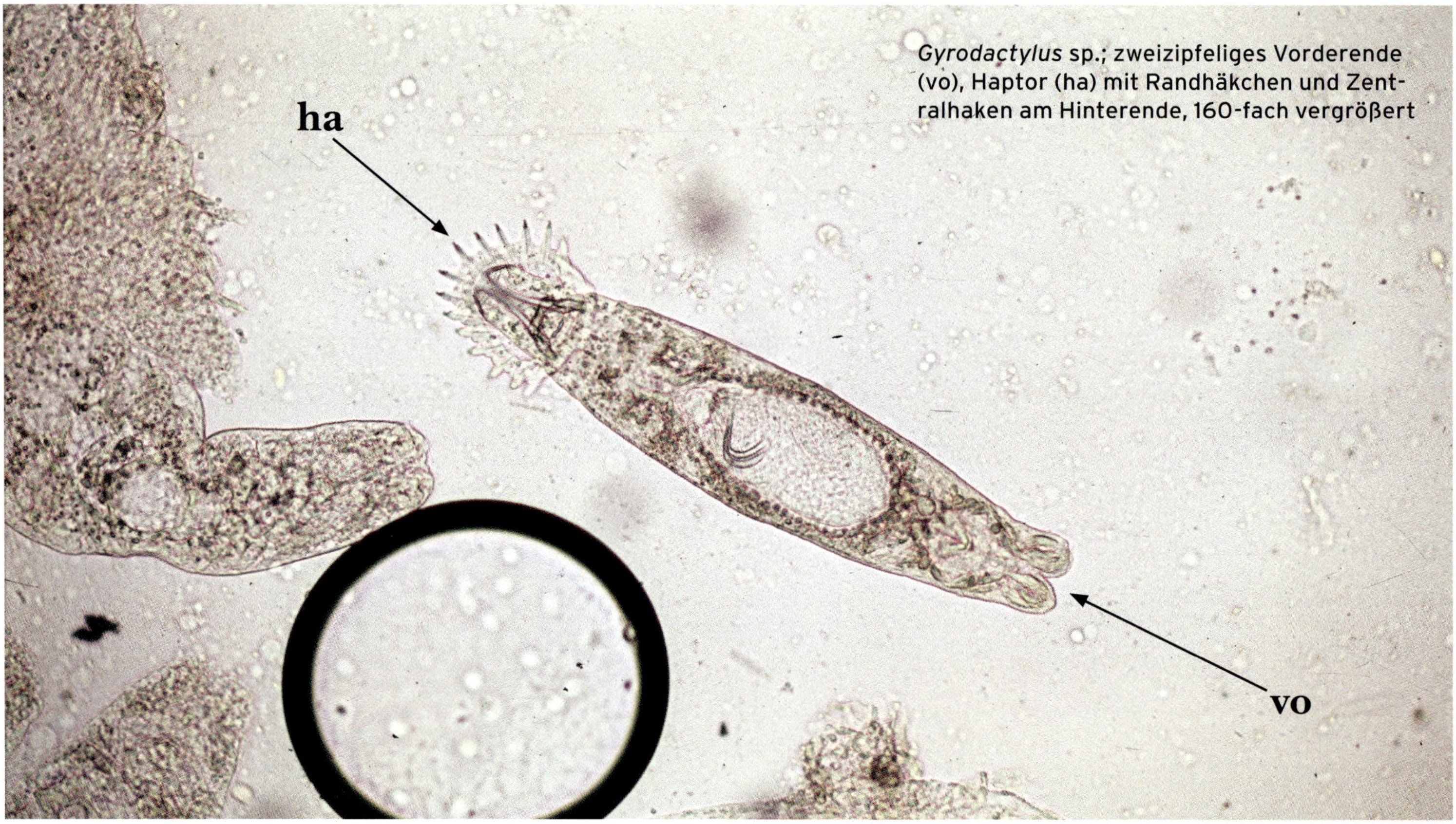

Gyrodactylus sp.; zweizipfeliges Vorderende (vo), Haptor (ha) mit Randhäkchen und Zentralhaken am Hinterende, 160-fach vergrößert

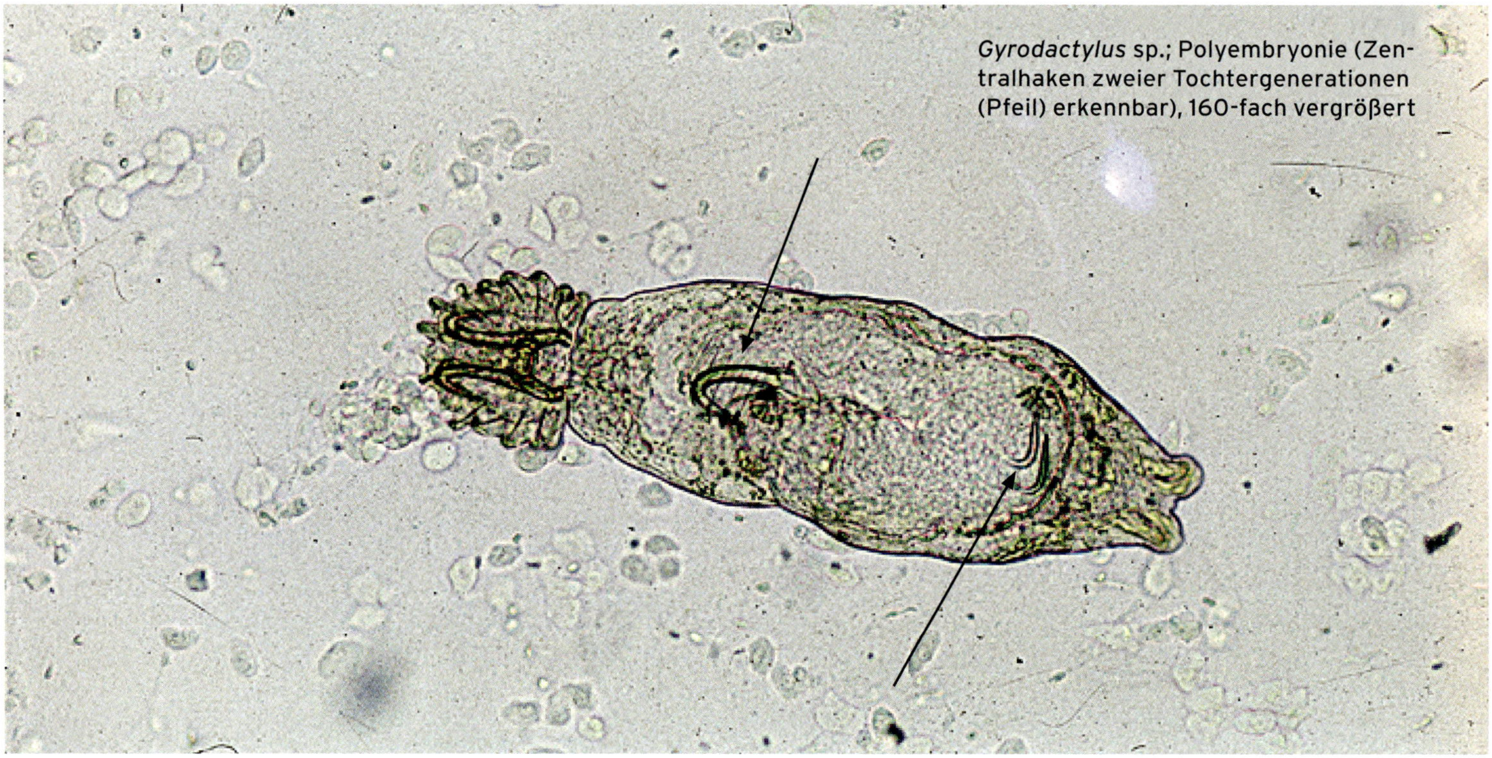

Gyrodactylus sp.; Polyembryonie (Zentralhaken zweier Tochtergenerationen (Pfeil) erkennbar), 160-fach vergrößert

Dactylogyrus spp. (Kiemensaugwurm)
U. a. *Dactylogyrus vastator, D. anchoratus*. Ektoparasiten der Kiemen. Vierzipfeliges Vorderende mit vier schwarzen Augenpunkten; Hinterende mit Haftapparat (Haptor), der zwei Zentralhaken und 14 Randhaken aufweist.

Entwicklung: Ovipar (Eier legend); Ei → freischwimmende Wimperlarve → Adultus; Entwicklungsdauer temperaturabhängig.

Symptome: Befallene Fische scheuern, springen; bei Massenbefall Atemnot; die Kiemen sind verschleimt, geschwollen, blass und am Rand können sie durch Verfärbung fleckig erscheinen. Die Schädigung führt zu Proliferation und Nekrose des Atemepithels; D. ist auch auf der Haut zu finden.

Dactylogyrus sp.; Karpfenbrut; hochgradiger Befall der Kiemen; *Ichthyophthirius multifiliis* (ich), 25-fach vergrößert

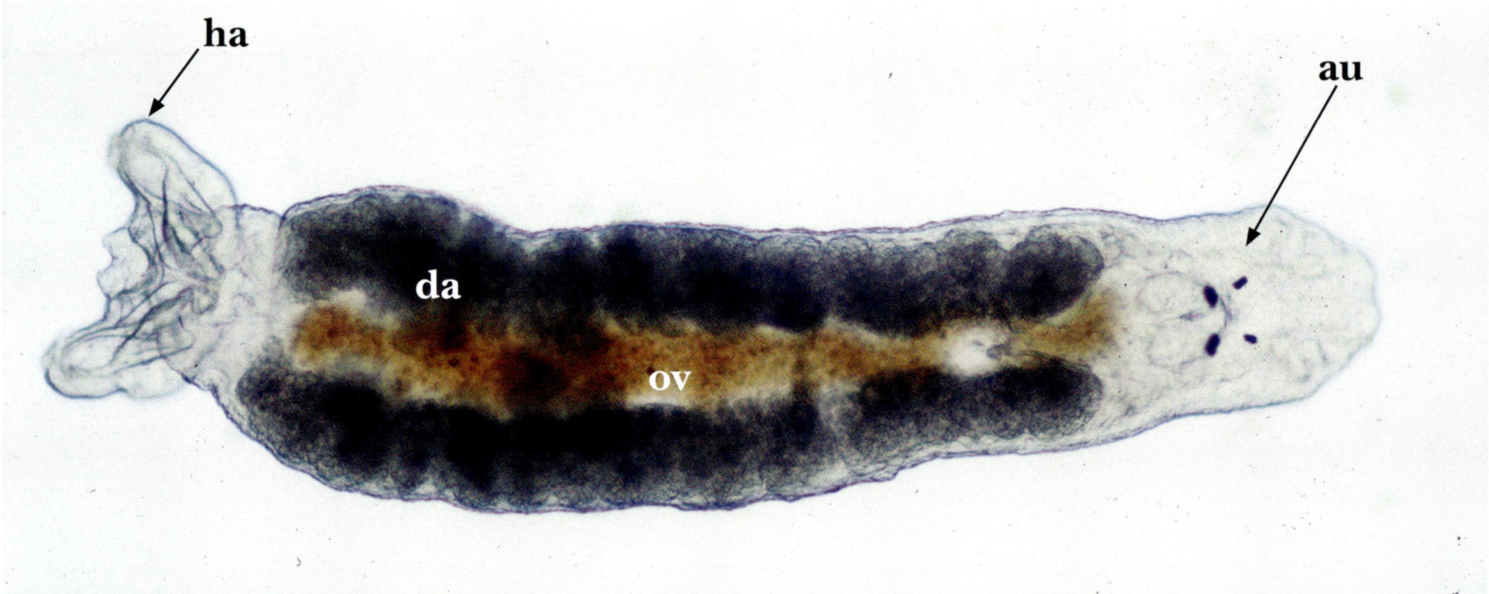

Dactylogyrus sp.; Haptor (ha), vier Augenpunkte (au), Darm (da), Ovarien (ov); 160-fach vergrößert

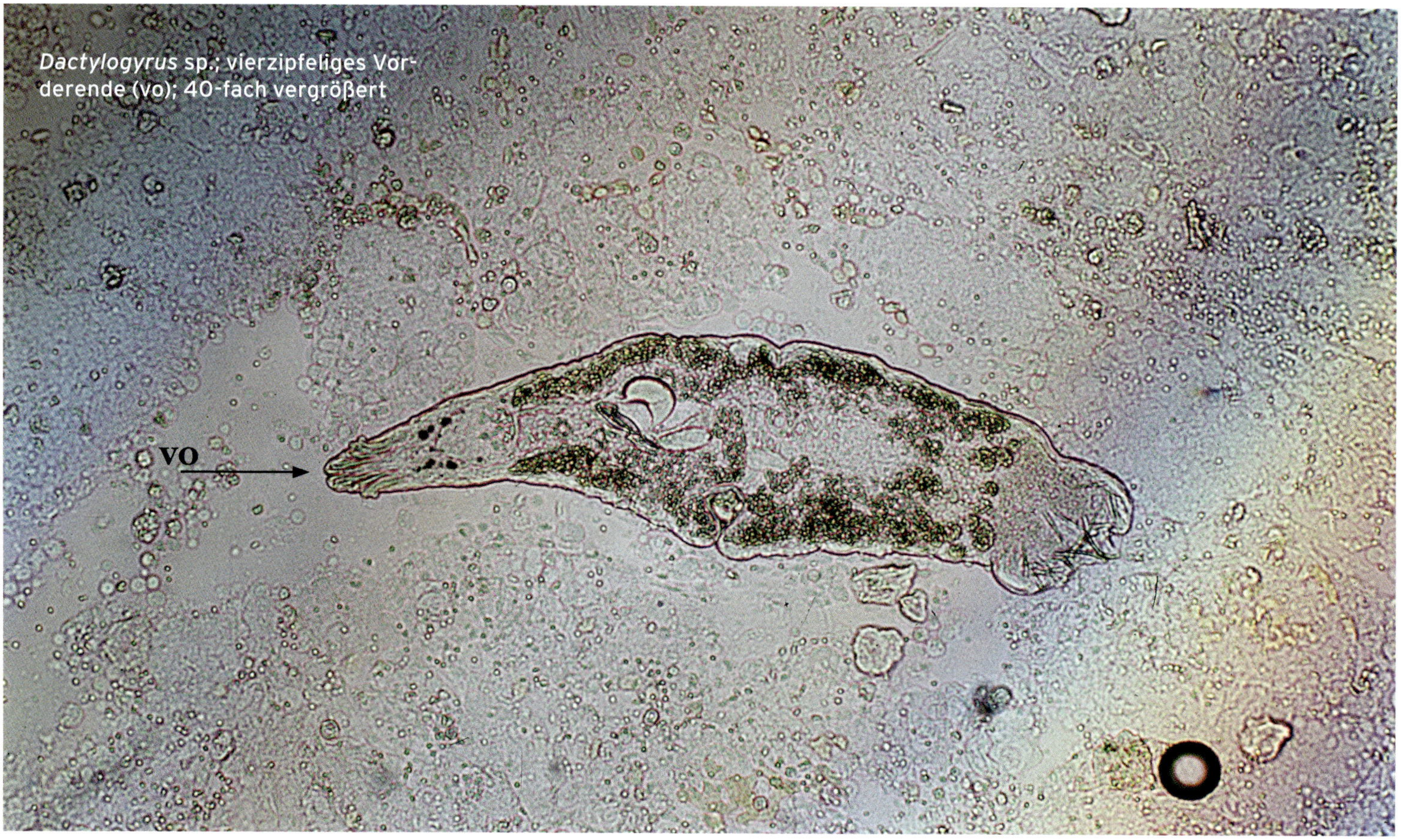

Dactylogyrus sp.; vierzipfeliges Vorderende (vo); 40-fach vergrößert

Diplozoon paradoxum (Doppeltierchen)
Lebt ektoparasitisch auf den Kiemen verschiedener Cypriniden. Das Doppeltierchen (4 bis 5 mm) entsteht indem sich zwei Einzeltiere mittels Rückenzapfen und Bauchsaugnäpfen überkreuzt aneinanderheften, um so besser an den Kiemen zu haften.

Entwicklung: Ei → freischwimmende Wimperlarve → Adultus; die Eier haften durch Fäden an den Kiemen.

Symptome: Bei hochgradigem Befall Kiemenschädigung (Schwellung, Verwachsungen).

Diplozoon paradoxum; Auflicht; *30-fach* vergrößert

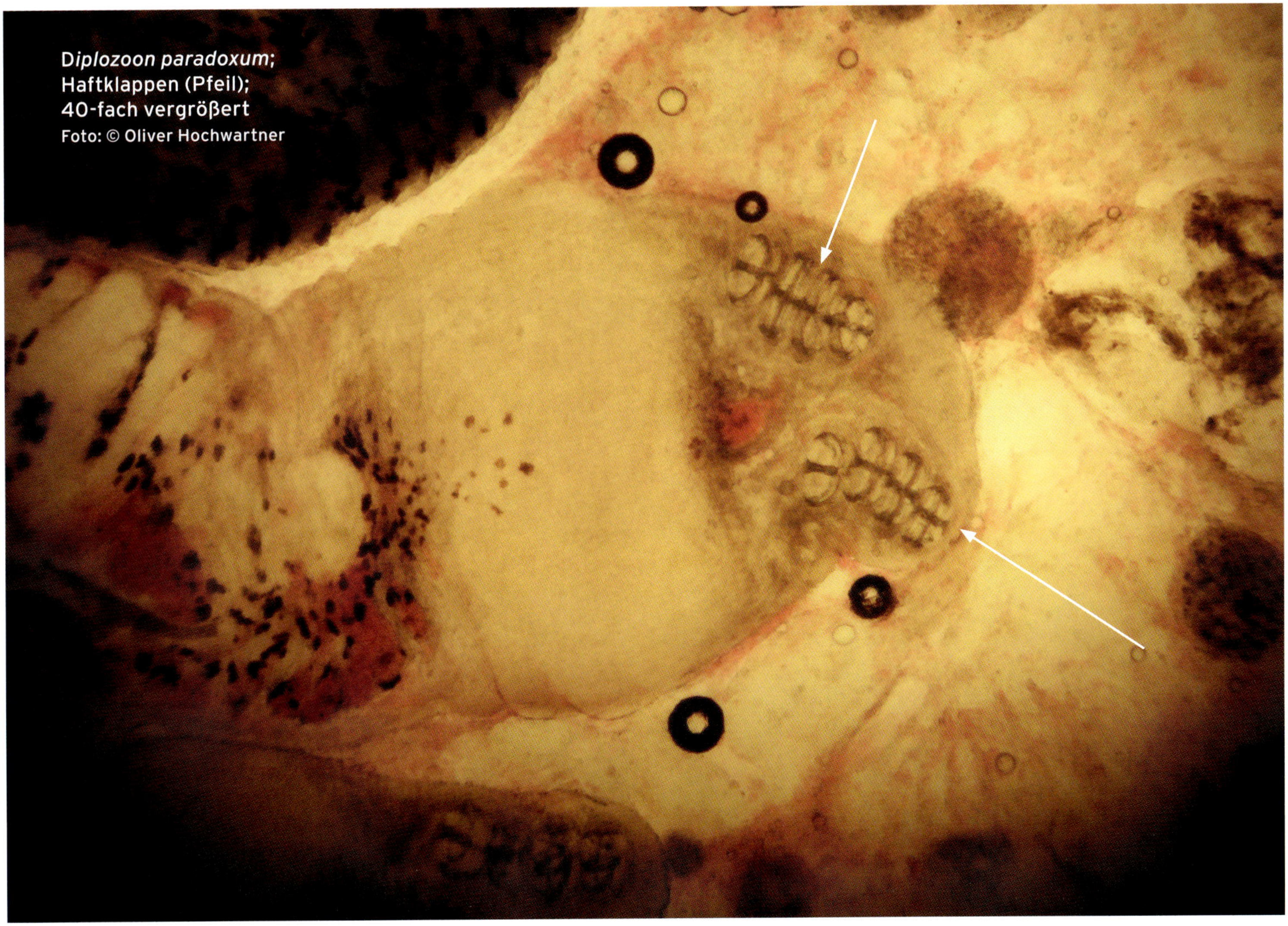

Diplozoon paradoxum; Haftklappen (Pfeil); 40-fach vergrößert
Foto: © Oliver Hochwartner

4.2.3. TREMATODA (SAUGWÜRMER MIT INDIREKTER ENTWICKLUNG)

Diplostomidae

Zum Beispiel: ***Diplostomum spathaceum*** ist einer der Erreger des Wurmstars: Augenerkrankung durch Metacercarien, die sich in Glaskörper und Linse entwickeln. Befallene Fische verschiedener Arten dienen als zweiter Zwischenwirt und werden leicht Beute für räuberische Endwirte wie Möwen, Taucher und Reiher.

Entwicklung: Eier → Miracidien (freischwimmende Wimperlarven) → Zwischenwirt I (meist Schnecken), dort Entwicklung über Sporocysten und Redien zu Gabelschwanzzerkarien → diese bohren sich aktiv in den Zwischenwirt II (Fisch) ein und bilden die Metacercarien im Auge. Nach Aufnahme befallener Fische durch fischfressende Vögel Entwicklung zum adulten Wurm in deren Darm.

Symptome: Trübung der Linse, Zerfall der Linsenkapsel und Verlust der Linse; Erblindung; schlechtes Wachstum.

Wurmstar; Regenbogenforelle; Linsentrübung

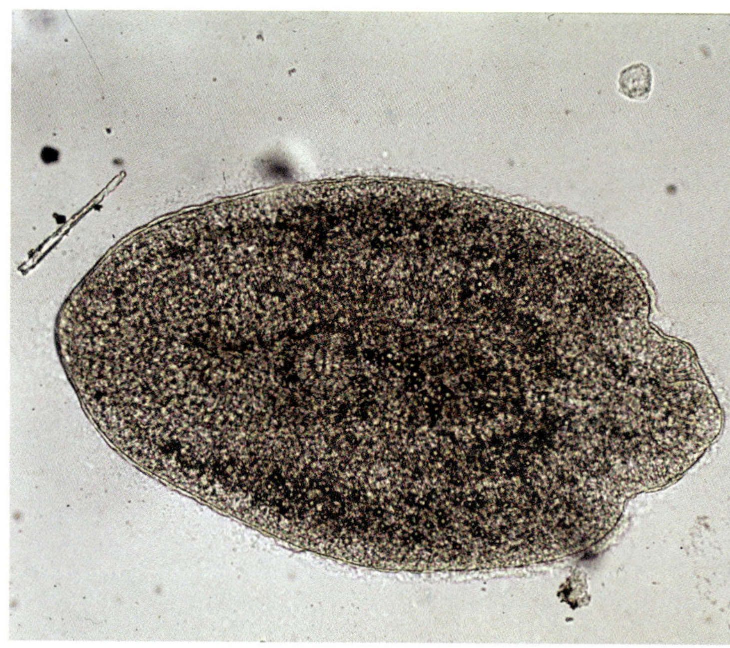

Diplostomum spathaceum, Metacercarie aus dem Auge; 40-fach vergrößert

Zum Beispiel: ***Posthodiplostomum cuticola*** und *Bucephalus polymorphus* sind zwei Erreger der Schwarzfleckenkrankheit; diese tritt als Folge eines Befalls mit Metacercarien bei Meeres- und Süßwasserfischen auf. Als Endwirte dienen fischfressende Vögel (Reiher, Taucher u. a.).

Entwicklung: Eier → Miracidien (freischwimmende Wimperlarven) → Zwischenwirt I (meist Schnecken), dort Entwicklung über Sporocysten und Redien zu Gabelschwanzzerkarien → diese bohren sich aktiv in den Zwischenwirt II (Fisch) ein und bilden die Metacercarien in der Haut. Nach Aufnahme durch fischfressende Vögel als Endwirt Entwicklung zum adulten Wurm in deren Darm.

Verlauf: Für den Fisch meist nicht von Bedeutung; kann jedoch die Vermarktung einschränken.

Symptome: Schwarze Flecken in der Haut und in den Flossen infolge Abkapselung der Metacercarien durch Melaninansammlung.

Schwarzfleckenkrankheit; Nase

Schwarzfleckenkrankheit; Brachse

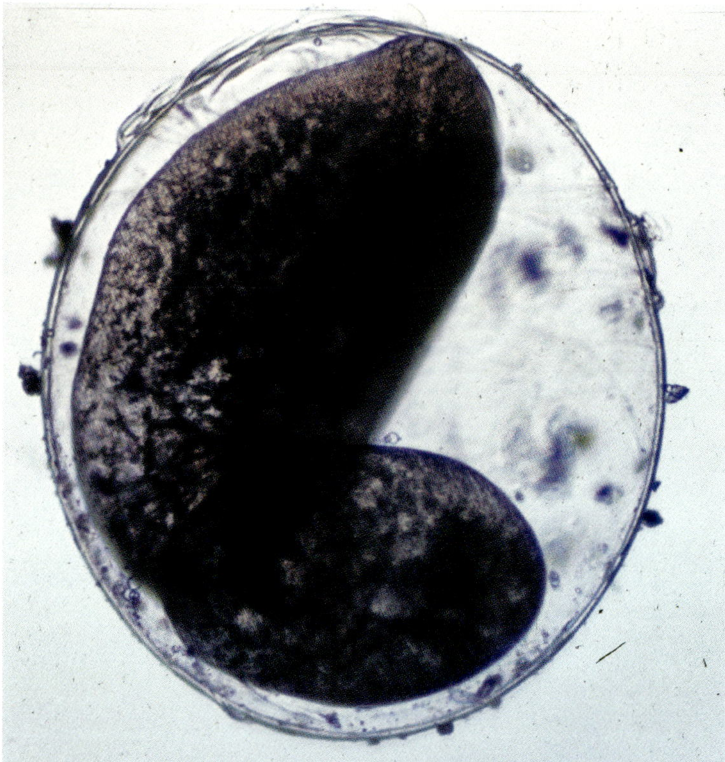

Posthodiplostomum cuticola, Zyste mit Metacercarie, 16-fach vergrößert

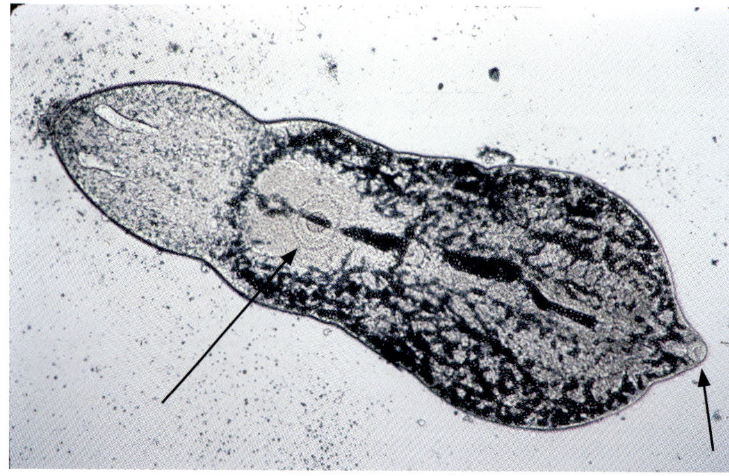

Posthodiplostomum cuticola, Metacercarie, zwei Saugnäpfe (Pfeil); 16-fach vergrößert

Schwarzfleckenkrankheit; Elritzen

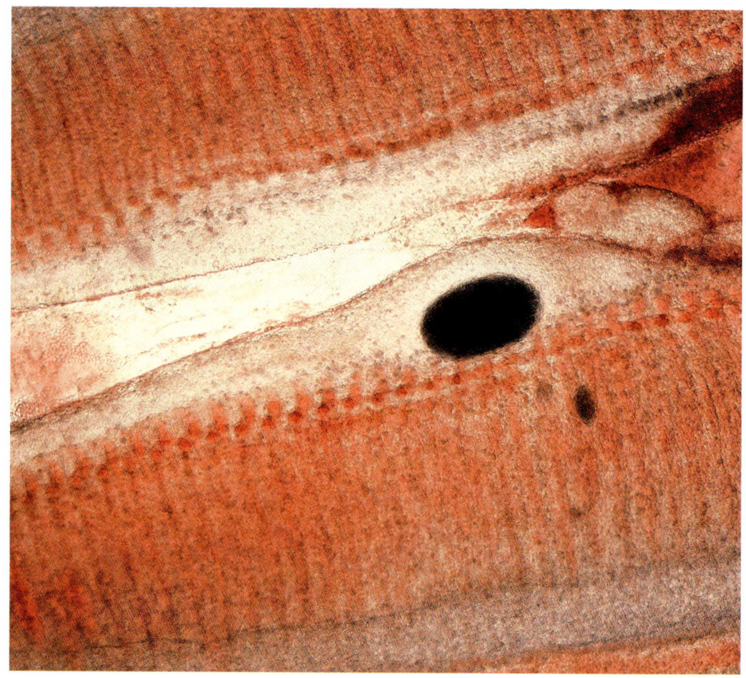

Posthodiplostomum sp., Metacercarie, Brachse, Kiemen, 10-fach vergrößert

Crepidostomum farionis
Parasitiert in Gallenblase und Darm verschiedener Salmoniden; Entwicklung über Zwischenwirt I (Schnecken) und Zwischenwirt II (meist Bachflohkrebse oder Eintagsfliegenlarven); der Fisch ist Endwirt.

Sanguinicola inermis (Blutwurm)
Besonders gefährdet ist Karpfenbrut.

Entwicklung: Adulti leben in den Blutgefäßen der Fische und legen dort ihre pyramidenförmigen Eier. Die daraus schlüpfenden Larven (Miracidien) bohren sich durch die Kiemen nach außen und dringen in Wasserschnecken (Zwischenwirte) ein. Die aus ihnen entlassenen Gabelschwanzzerkarien suchen wieder einen Fisch (Endwirt) auf.

Symptome: Atemnot; Adulti, Eier und Larven können die Kiemengefäße verstopfen und zu Anämie und Kiemennekrose führen.

HINWEIS: OHNE ABBILDUNG.

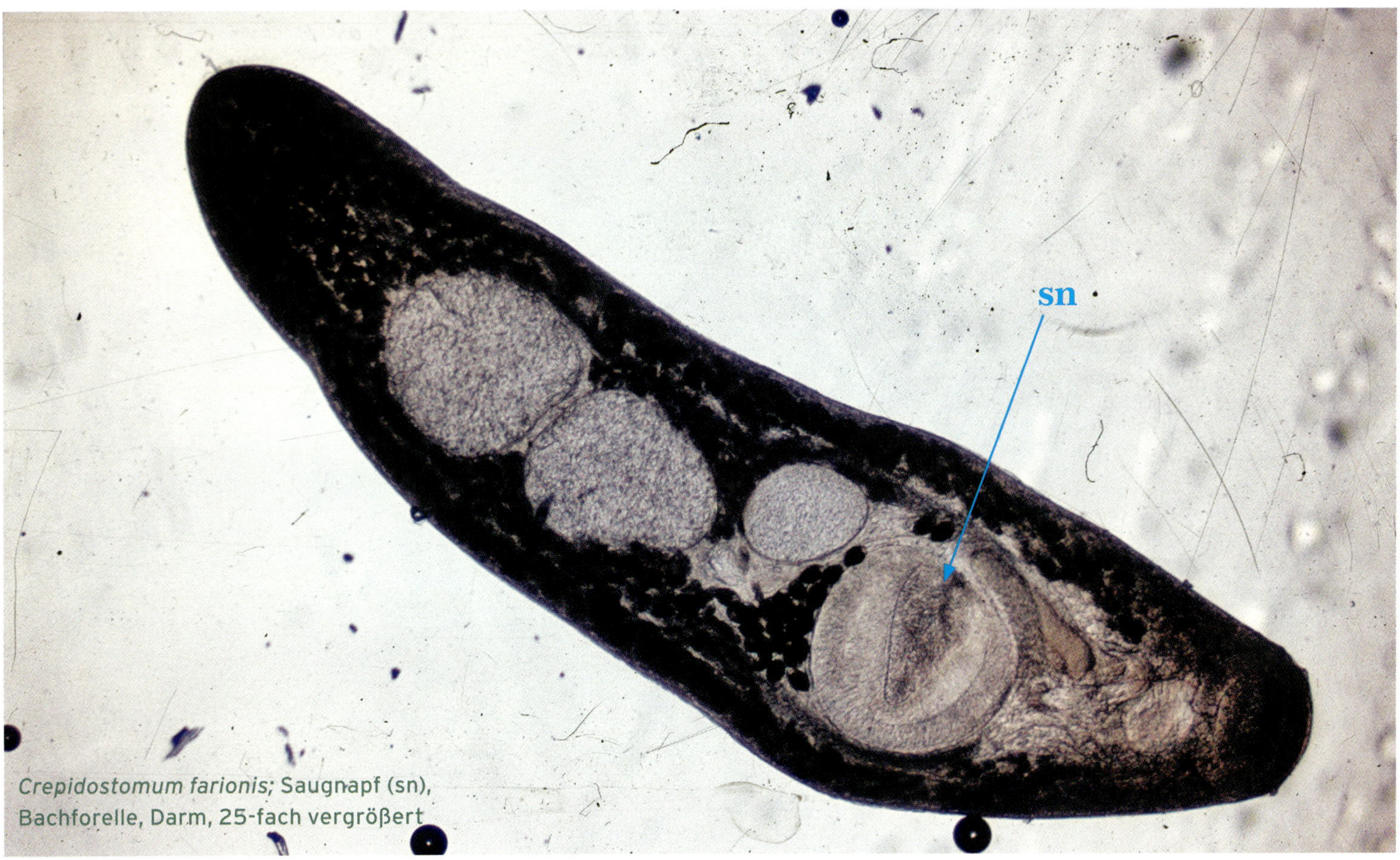

Crepidostomum farionis; Saugnapf (sn), Bachforelle, Darm, 25-fach vergrößert

4.2.4. CESTODA (BANDWÜRMER)

Caryophyllida (Nelkenkopfbandwürmer)
Bandwürmer mit ungegliedertem Körper und nelkenartig gefaltetem Scolex (Vorderende); parasitieren im vorderen bis mittleren Darmabschnitt von Cypriniden. *Caryophyllaeus laticeps* und *C. fimbriceps* werden bis zu 3 cm lang; *Khawia sinensis* bis zu 8 cm (mit Importen von ostasiatischen pflanzenfressenden Fischen nach Europa eingeschleppt).

Entwicklung: Über Schlammröhrenwürmer (*Tubifex tubifex*) als Zwischenwirte; Eiablage im Sommer; im Herbst sterben die adulten Würmer i. d. R. ab.

Symptome: Enteritis; bei Massenbefall Abmagerung der Fische.

Caryophyllaeus laticeps, Scolex; Brachse, Darm, 40-fach ver größert

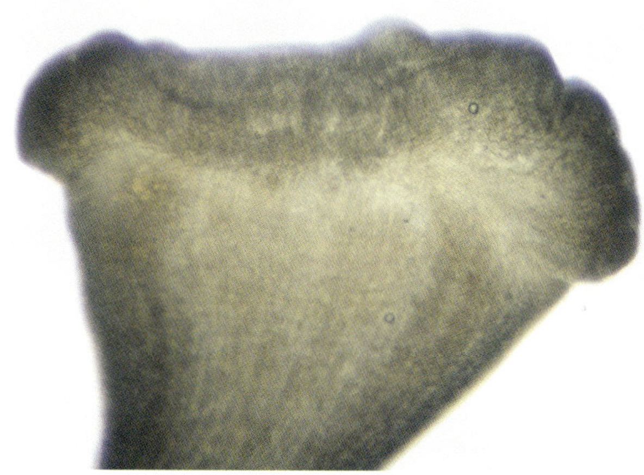

Caryophyllaeus laticeps, Scolex; 100-fach vergrößert

Bothriocephalus acheilognathi
Ein im Darm von Cypriniden parasitierender Bandwurm. Vorstreckbrut und Einsömmrige sind besonders gefährdet. Wurde mit ostasiatischen pflanzenfressenden Fischen (Weißer Amur, Marmorkarpfen) nach Europa eingeschleppt. Gegliederter Körper, herzförmiger Scolex mit zwei Sauggruben; bis zu 20 cm lang.

Entwicklung: Zwischenwirte sind Hüpferlinge (*Copepoda*).

Symptome: Enteritis; bei Massenbefall Abmagerung der Fische.

Bothriocephalus acheilognathi; Scolex und Proglottiden (Bandwurmglieder); Karpfen, Darm, 40-fach vergrößert
Foto: © Manfred Rydlo

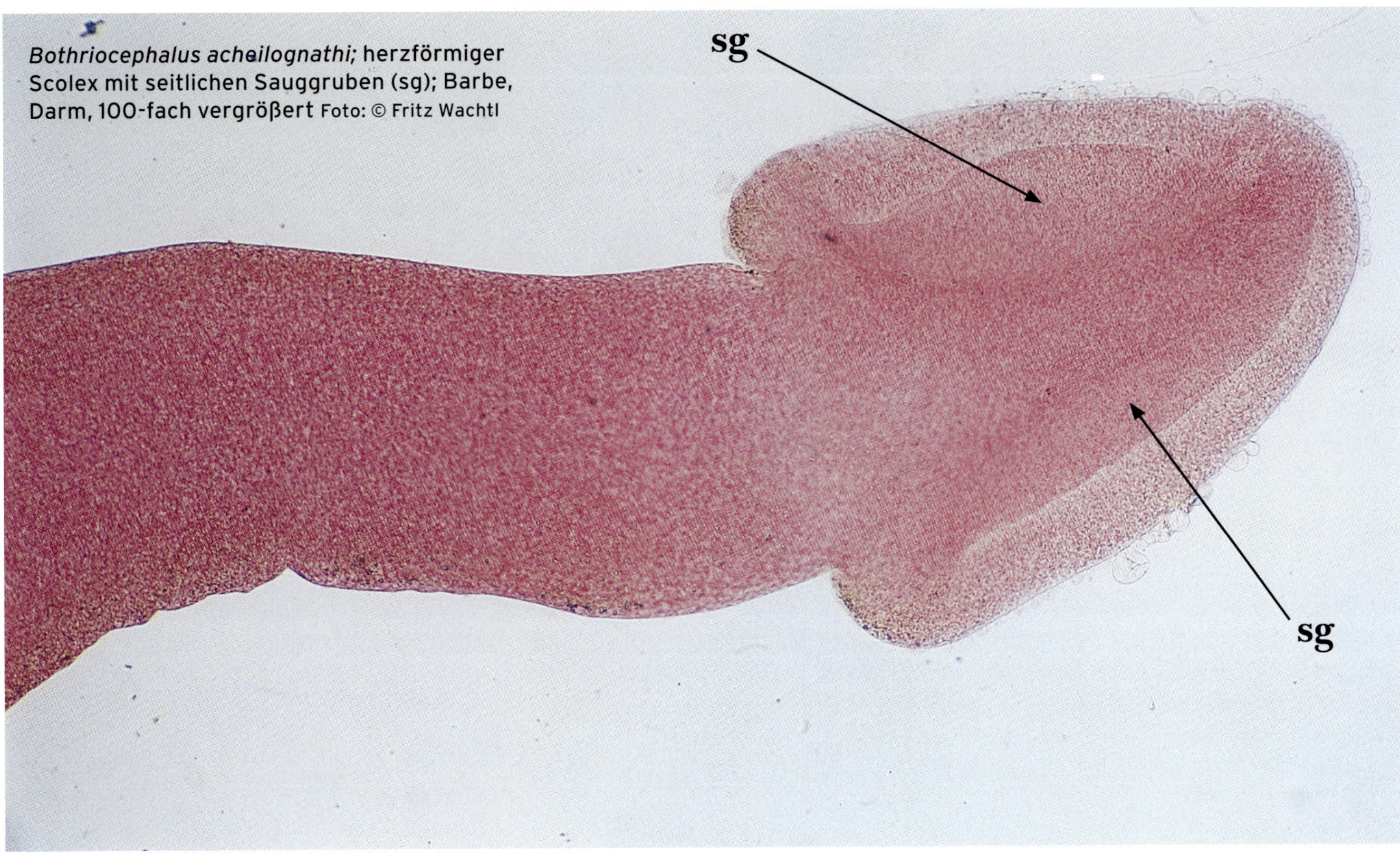

Bothriocephalus acheilognathi; herzförmiger Scolex mit seitlichen Sauggruben (sg); Barbe, Darm, 100-fach vergrößert Foto: © Fritz Wachtl

Bothriocephalus acheilognathi; Karpfen, Bandwürmer im Vorderdarm

Triaenophorus spp. (Hechtbandwurm)
Gegliederte Bandwürmer, 40 bis 50 cm lang; am Scolex zwei Sauggruben und vier dreispitzige Chitinhaken; parasitieren beim Endwirt Hecht im Darm.

Entwicklung: Im Zwischenwirt I (Hüpferlinge, *Copepoda*) entwickelt sich das Procercoid. Aus diesem entwickelt sich das Plerocercoid (Finne) im Zwischenwirt II; dafür kommen verschiedene planktonfressende Fische in Frage (z. B. Seesaibling, Äsche, Coregonen, Elritze), aber auch die Aalrutte. Die Plerocercoide von *Triaenophorus nodulosus* befinden sich in der Leber, jene von *T. crassus* in der Muskulatur.

Verlauf: *T. nodulosus* hat aufgrund seiner Lokalisation in der Leber eine größere Schadwirkung im Zwischenwirt II; *T. crassus* bewirkt aufgrund seiner größeren Haken schwere Schäden im Hechtdarm.

Symptome:
1. **Zwischenwirt II:** Apathie, Abmagerung, durch hochgradige Organschäden erhebliche Verluste. Der Befall der Fischmuskulatur ist v. a. ein lebensmittelrechtliches Problem.
2. **Hecht (Endwirt):** Entzündung der Darmschleimhaut, bei Massenbefall Abmagerung der Fische.

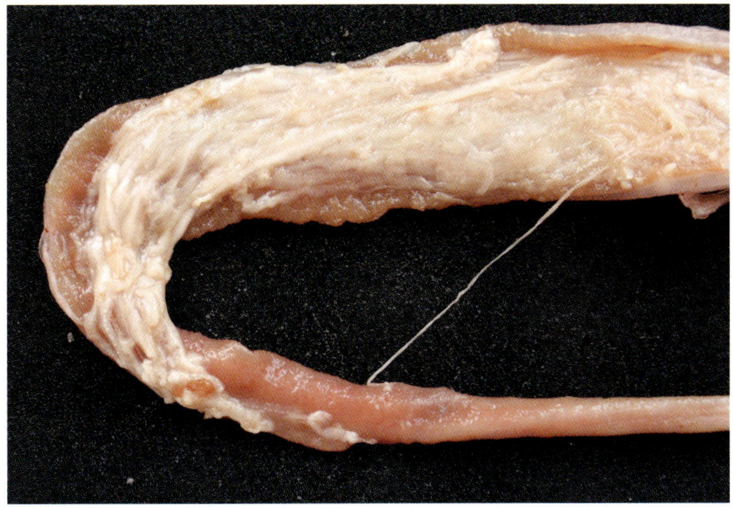

Triaenophorus spp.; Adulti; Hecht, Darm, hochgradiger Befall

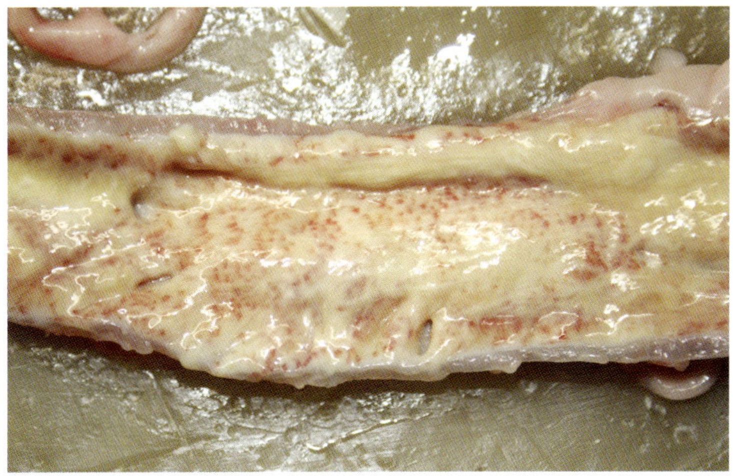

Triaenophorus spp.; Adulti; Hecht, Saugspuren im Darmepithel

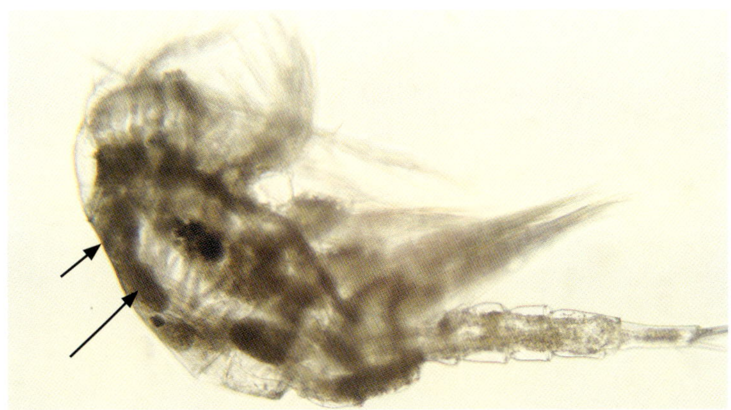

Triaenophorus spp.; Procercoide in einem Copepoden, 10-fach vergrößert

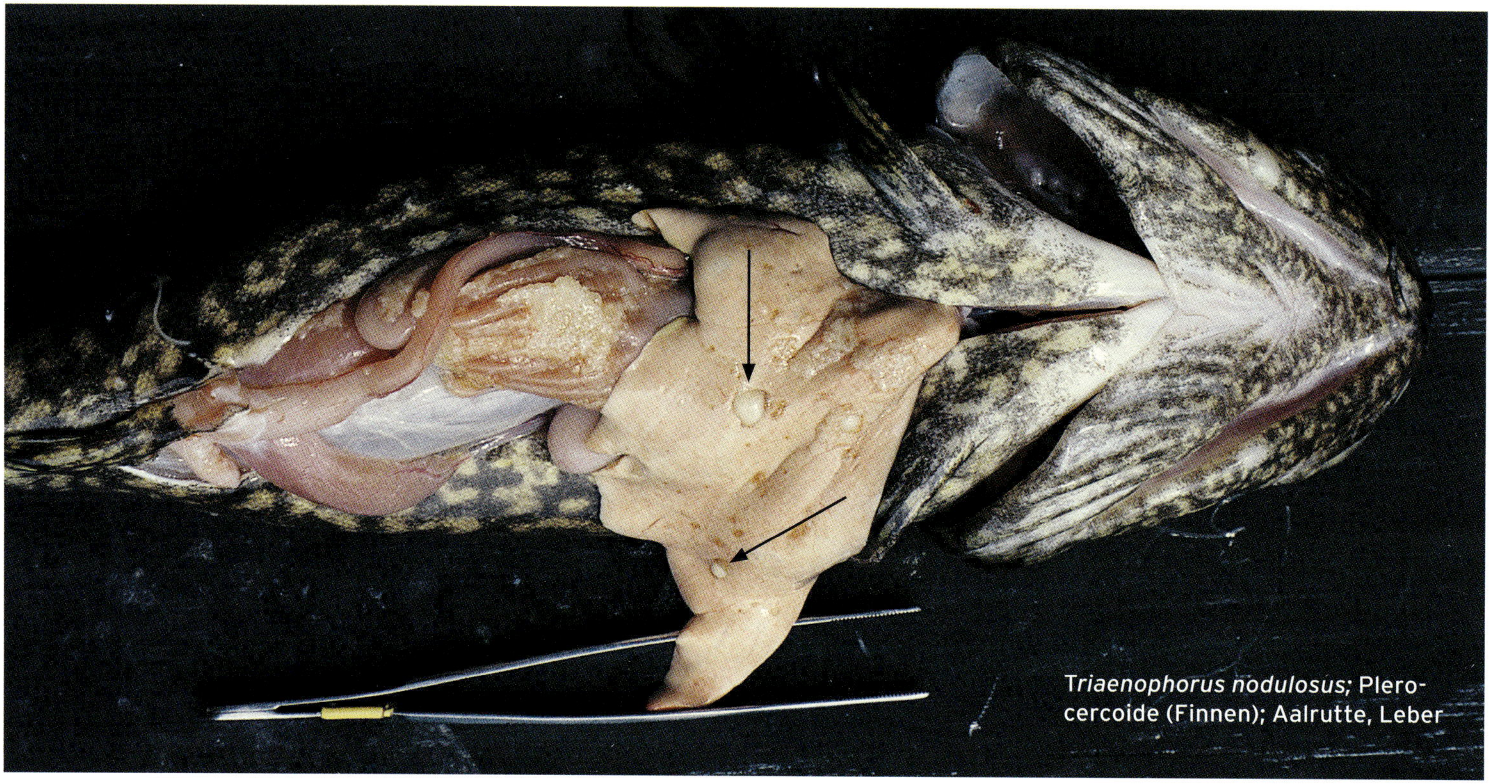

Triaenophorus nodulosus; Plerocercoide (Finnen); Aalrutte, Leber

Triaenophorus nodulosus; Plerocercoide, Äsche, Leber

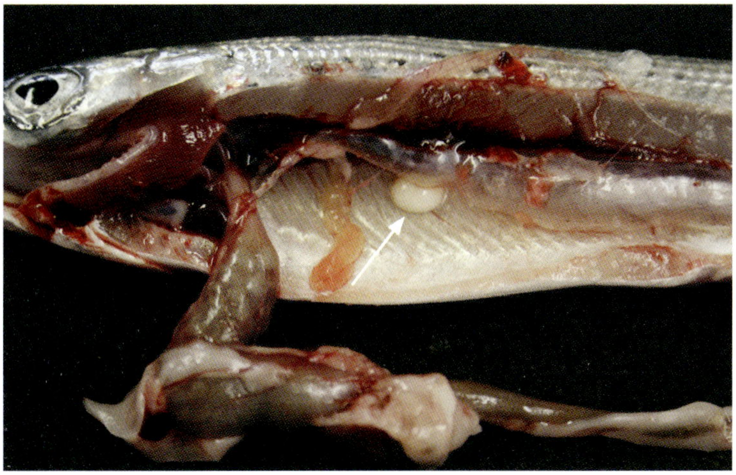

Triaenophorus nodulosus; Plerocercoid; Äsche, Leibeshöhle

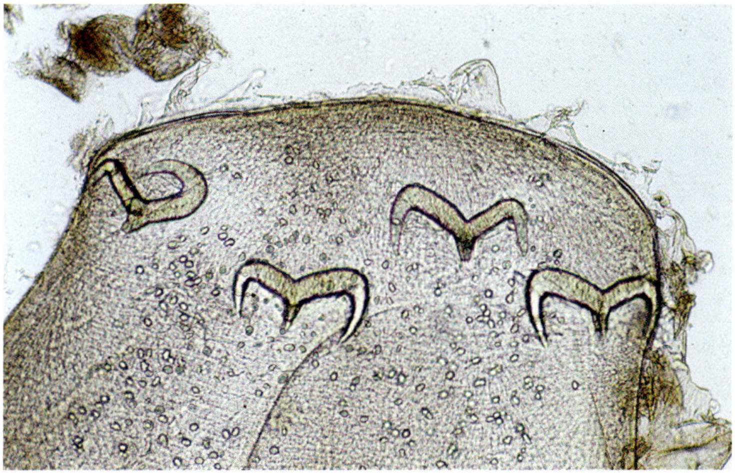

Triaenophorus nodulosus; Adultus, Scolex mit vier schmalen Chitinhaken, 100-fach vergrößert

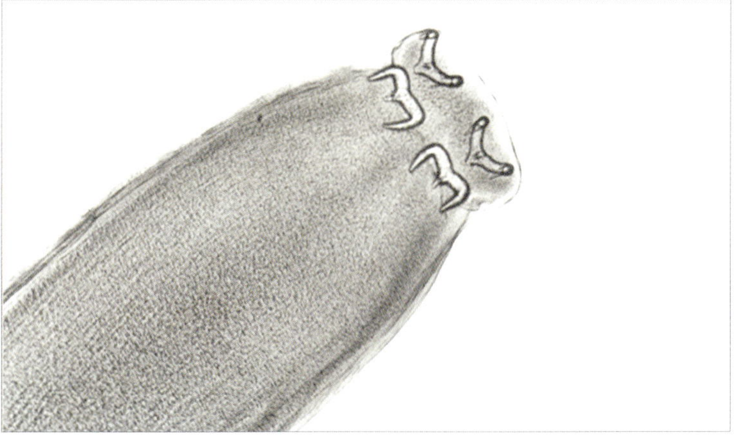

Triaenophorus nodulosus; Plerocercoid, Scolex, 40-fach vergrößert Foto: © Manfred Rydlo

Triaenophorus crassus; Plerocercoide; Äschen, Muskulatur

Triaenophorus crassus; Plerocercoide, Seesaibling, Muskulatur

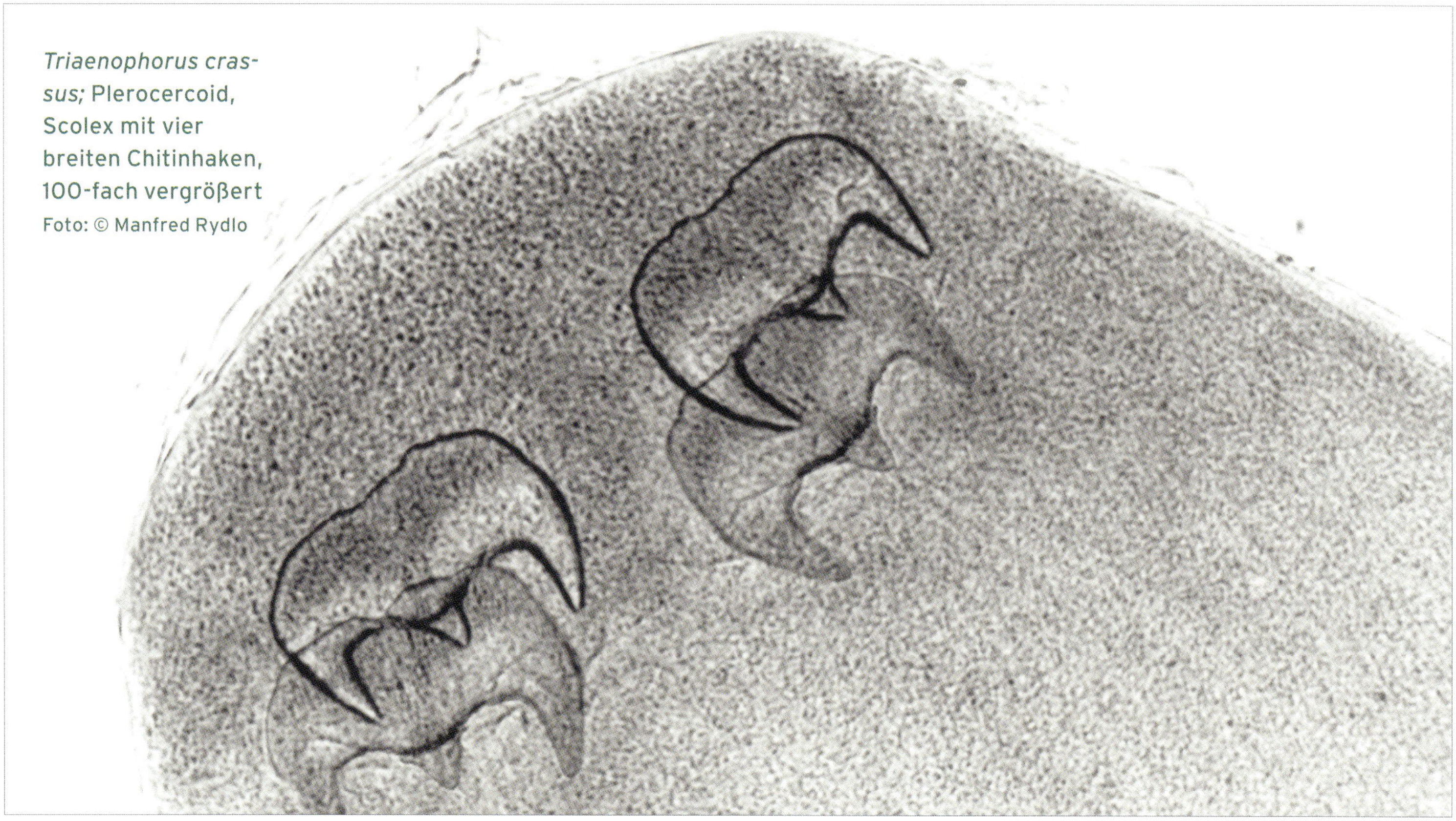

Triaenophorus crassus; Plerocercoid, Scolex mit vier breiten Chitinhaken, 100-fach vergrößert
Foto: © Manfred Rydlo

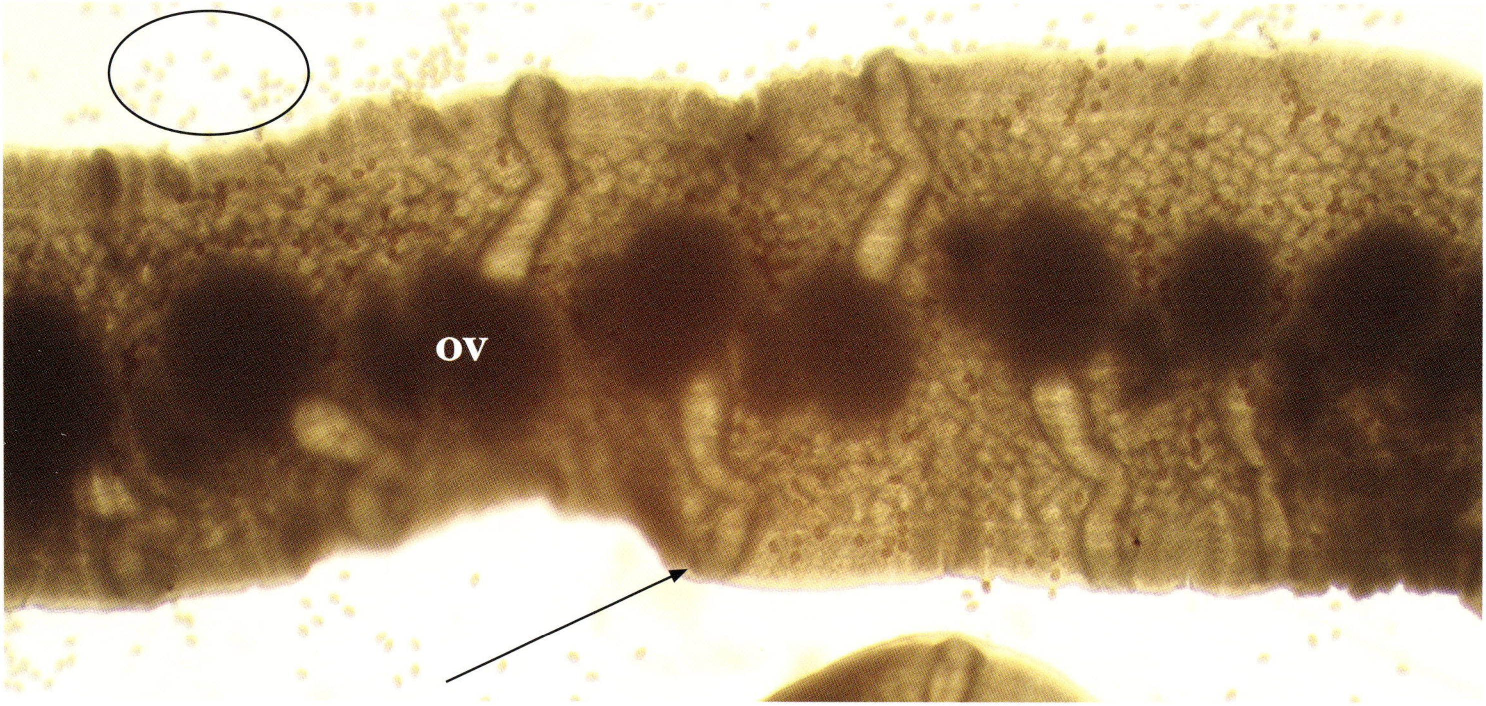

Triaenophorus crassus; Adultus, Proglottiden; Ovarien (ov) mit Ausführungsgängen (Pfeil); Eier (Kreis), 40-fach vergrößert

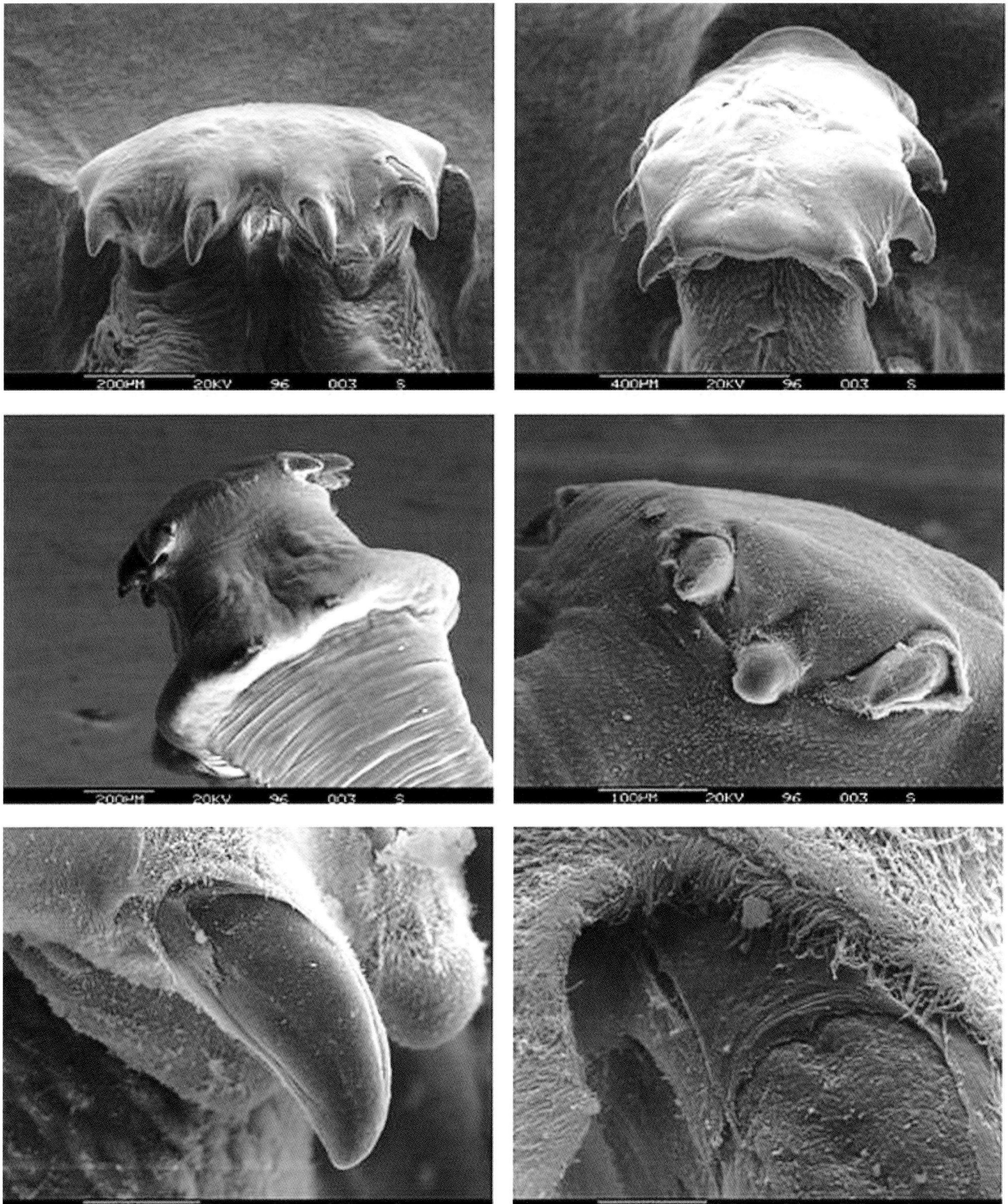

Triaenophorus crassus; Scolices; Aufnahme mittels Rasterelektronenmikroskop Foto: © Nawi Uni Salzburg, Franz Lahnsteiner

Cyathocephalus truncatus
Lebt als geschlechtsreifer Bandwurm im Darm vor allem von Salmoniden, aber auch von Barsch und Hecht; auffallend dünner Körper, Gliederung äußerlich nicht sichtbar; 5–6 cm lang; trichterförmiger Scolex.

Entwicklung: Zwischenwirte sind Bachflohkrebse (*Gammarus* spp.).

Symptome: Schädigt die Darmschleimhaut an der Anheftungsstelle und behindert damit die Aufnahme von Nährstoffen durch den Wirt; nur bei Massenbefall von Bedeutung.

HINWEIS: OHNE ABBILDUNG.

Eubothrium salvelini; Scolex; 40-fach vergrößert

Eubothrium spp.
Häufiger Darmparasit bei Fischen in Freigewässern. Diese Bandwürmer sind auffallend dünn, gegliedert, 10–15 cm lang und besitzen am Vorderende zwei Sauggruben. In Mitteleuropa kommen z. B. *Eubothrium salvelini* (Saiblinge), *E. crassum* (Forellen, Coregonen) und *E. rugosum* (Aalrutte) vor.

Entwicklung: Zwischenwirte sind Hüpferlinge (*Copepoda*).

Symptome: Schädigt die Darmschleimhaut an der Anheftungsstelle, vor allem im Bereich der Pylorusanhänge und behindert damit die Aufnahme von Nährstoffen durch den Wirt; Abmagerung; nur bei Massenbefall von Bedeutung.

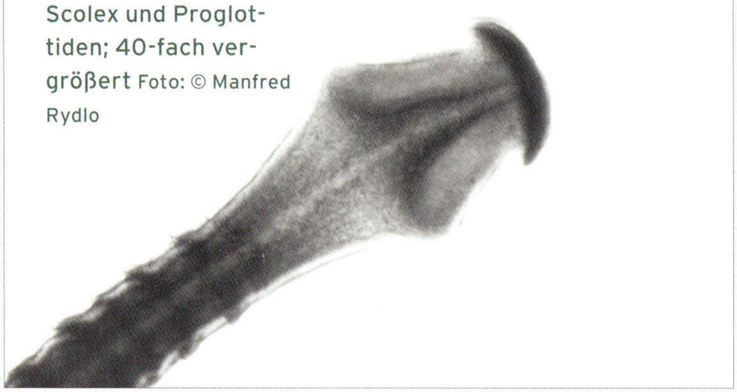

Eubothrium crassum; Scolex und Proglottiden; 40-fach vergrößert Foto: © Manfred Rydlo

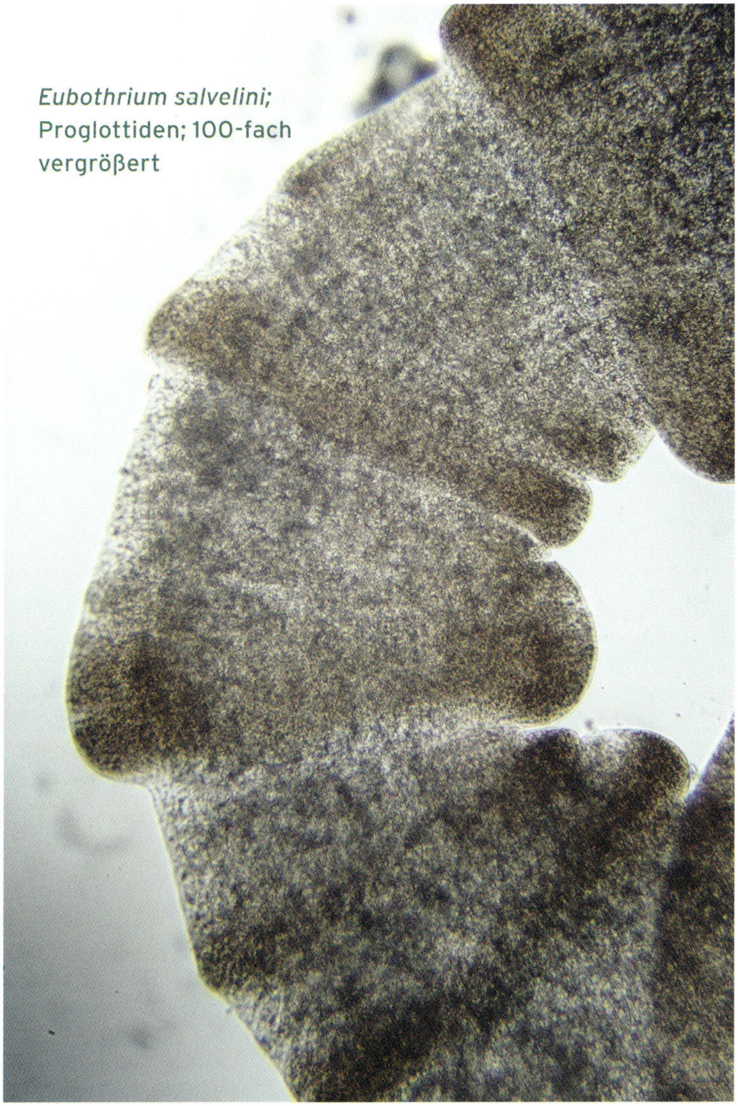

Eubothrium salvelini; Proglottiden; 100-fach vergrößert

Proteocephalus spp.
Die geschlechtsreifen Bandwürmer leben im Darm verschiedener Süßwasserfische, z. B. *Proteocephalus exiguus* und *P. longicollis* bei Forellen und Coregonen, *P. percae* beim Flussbarsch; *P. ambloplitis* bei Sonnenbarschen Nordamerikas. Kennzeichnend sind apikale Saugnäpfe am Vorderende des Scolex, deren Anzahl artspezifisch ist. *P. exiguus* wird bis zu 40 cm lang.

Entwicklung: Zwischenwirte sind Hüpferlinge (*Copepoda*). Bei *P. ambloplitis* zusätzlich Fische als Zwischenwirt II.

Symptome: Abmagerung; nur bei Massenbefall von Bedeutung.

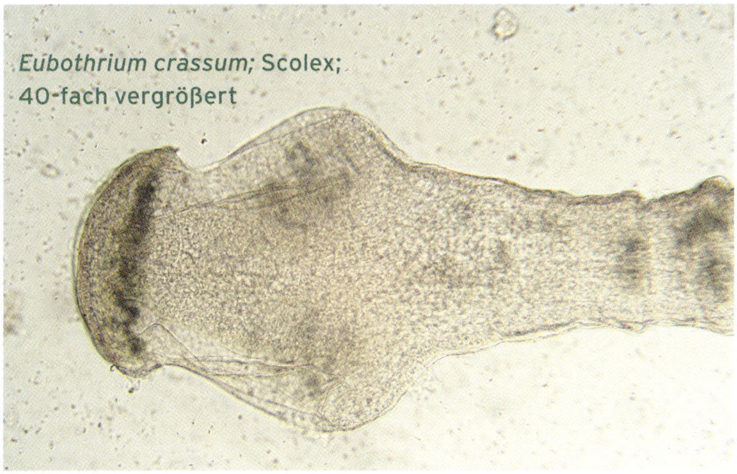

Eubothrium crassum; Scolex; 40-fach vergrößert

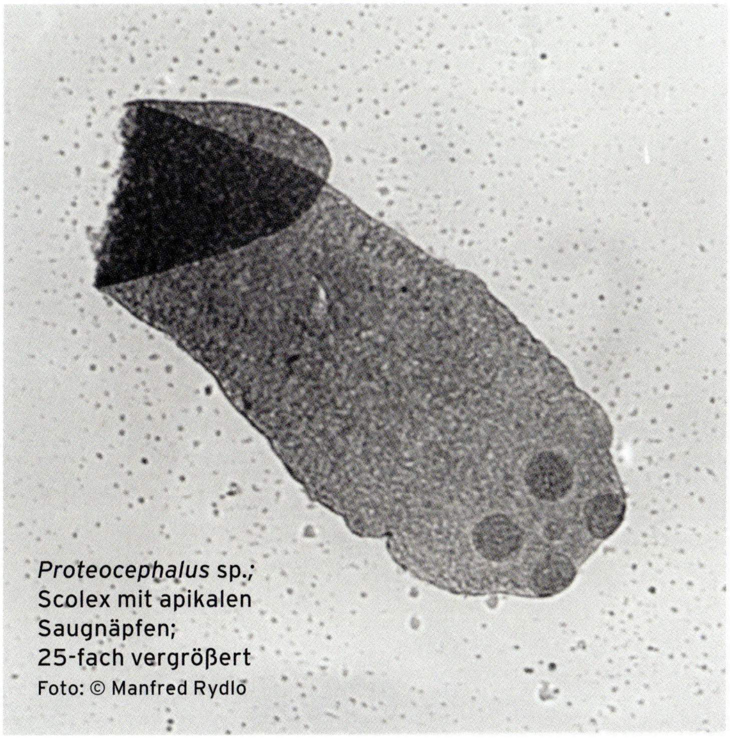

Proteocephalus sp.; Scolex mit apikalen Saugnäpfen; 25-fach vergrößert
Foto: © Manfred Rydlo

Ligula intestinalis (Riemenwurm)
Die Plerocercoide (Finnen) werden bis zu 60 cm lang und befinden sich in der Leibeshöhle verschiedener Cyprinidenarten der Freigewässer. Ligula-Befall ist teichwirtschaftlich ohne Bedeutung, wird jedoch nicht selten in stehenden Freigewässern beobachtet.

Entwicklung: Zwischenwirt I sind Copepoden (mit Procercoid), Zwischenwirt II sind Fische (mit Plerocercoid), Endwirte sind fischfressende Vögel.

Symptome: Bei hoher Parasitenbürde ist der Bauch aufgetrieben und es kann zum Verkümmern der Gonaden kommen; dadurch wirkt sich der Parasitenbefall nicht nur auf das Individuum, sondern auch auf die Fischpopulation aus; befallene Fische halten sich bevorzugt knapp unter der Wasseroberfläche auf.

Ligula intestinalis; Plerocercoid (Finne); Rußnase

Ligula intestinalis; Finne in der Leibeshöhl einer Rußnase Foto: © Manfred Rydlo

4.2.5. ACANTHOCEPHALA (KRATZER)

Darmparasiten, die sich mithilfe eines mit Haken besetzten Rüssels (Proboscis) in der Darmschleimhaut verankern und zu einer Enteritis führen; manche Arten verursachen auch Darmverletzungen.

Metechinorhynchus spp.
M. salmonis kommt sowohl bei Süßwasser- als auch Meeresfischen vor; ♀ bis 8 mm lang. *M. truttae* bei verschiedenen Salmoniden und beim Hecht; ♀ bis 20 mm lang; langer Rüssel mit 20–22 Hakenreihen.

Entwicklung: Zwischenwirte bei beiden Arten sind Flohkrebse (z. B. *Gammarus pulex*).

Symptome: Können aufgrund ihres langen Rüssels die Darmwand der Fische durchbohren und bei hochgradigem Befall Ausfälle verursachen.

Neoechinorhynchus rutili
In Süßwasserfischen weit verbreitet, ♂ bis zu 8 mm, ♀ bis zu 16 mm lang; sehr kurzer Rüssel mit drei Hakenreihen. Kann in der Fischzucht v. a. bei Regenbogenforellen eine Rolle spielen.

Entwicklung: Zwischenwirte sind Muschelkrebse (*Ostracoda*).

Symptome: Aufgrund seines kurzen Rüssels bleibt die Darmschädigung meist auf die Schleimhaut beschränkt; Abmagerung.

Metechinorhynchus truttae, Rüssel mit zwanzig Hakenreihen, 100-fach vergrößert

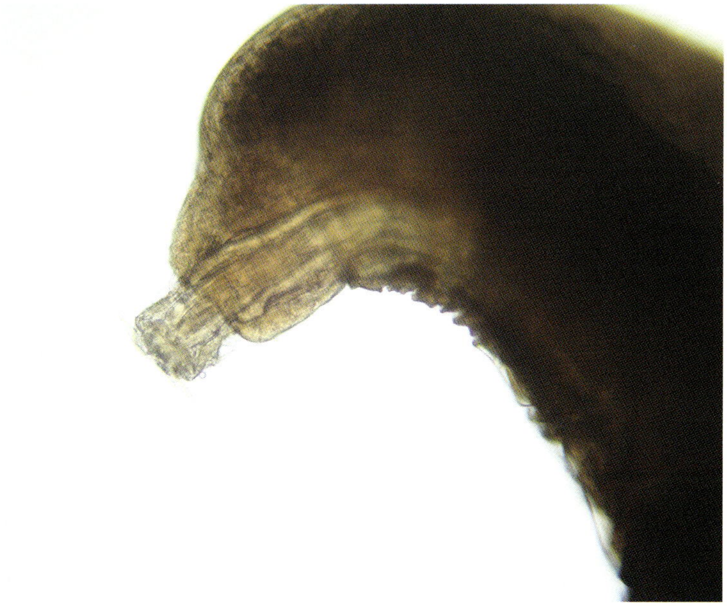

Neoechinorhynchus rutili, kurzer Rüssel mit drei Hakenreihen, 100-fach vergrößert

Pomphorhynchus laevis
Proboscis (Rüssel) mit markanter blasenförmiger Auftreibung; ♀ bis 28 mm lang. *P. laevis* kommt sowohl bei Meeres- als auch Süßwasserfischen, v. a. bei Barben, vor.

Entwicklung: Zwischenwirte sind Flohkrebse (*Gammarus* spp.).

Symptome: Kann bei starkem Befall zur Abmagerung führen. Typisch sind gelblich-weiße Knötchen in der äußeren Darmwand als Reaktion des Bindegewebes auf das tiefe Eindringen des Rüssels in die Darmschleimhaut, Darmperforationen möglich.

Acanthocephalus lucii
In Süßwasserfischen und Meeresfischen weit verbreitet, ♂ bis zu 7 mm, ♀ bis zu 21 mm lang; kurzer Rüssel mit 12–16 Hakenreihen.

Entwicklung: Zwischenwirte sind Wasserasseln (*Asellus aquaticus*).

Symptome: geringe klinische Bedeutung

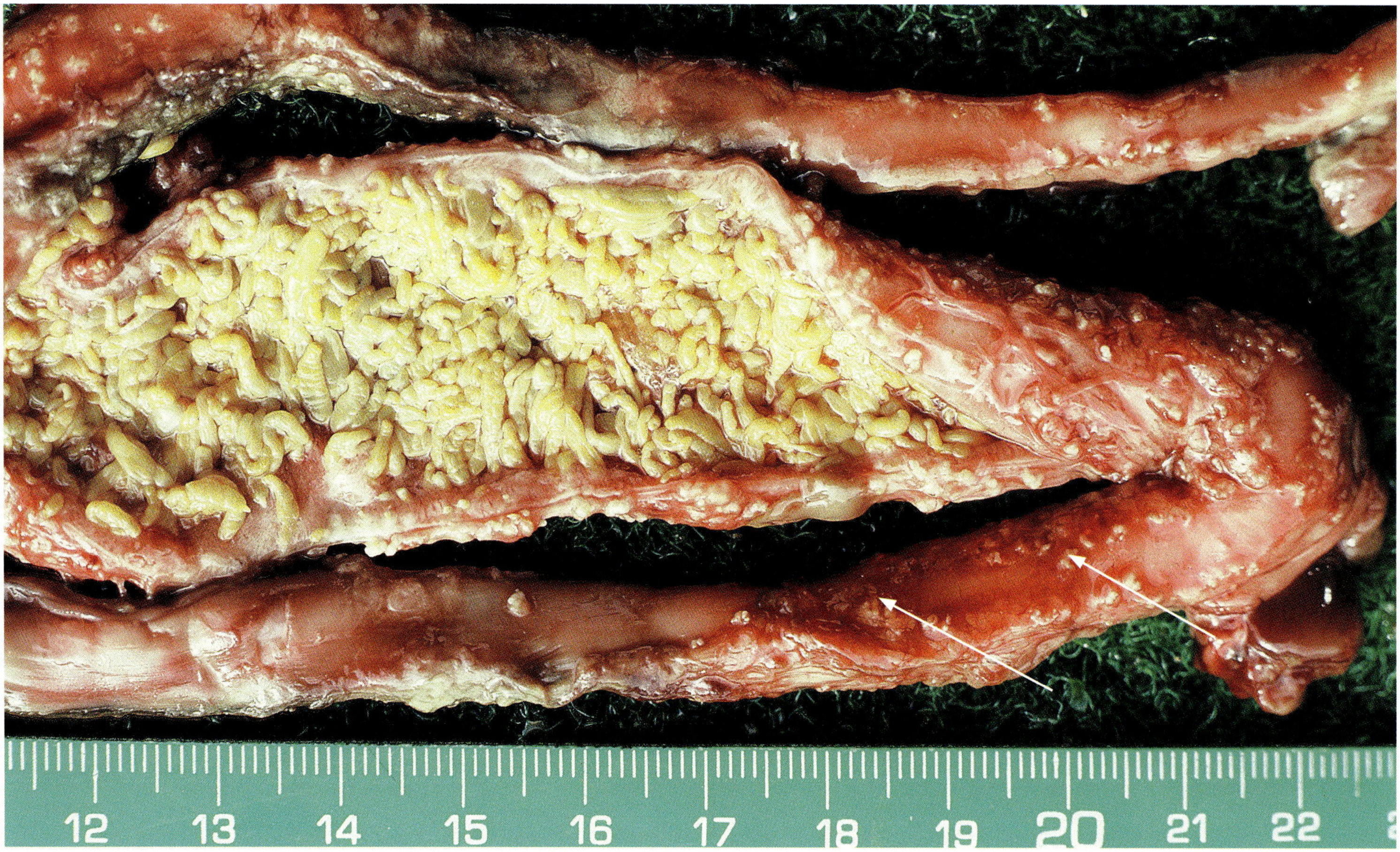

Pomphorhynchus laevis; Barbe, Darm, Massenbefall; Perforation der Darmwand (Pfeil)

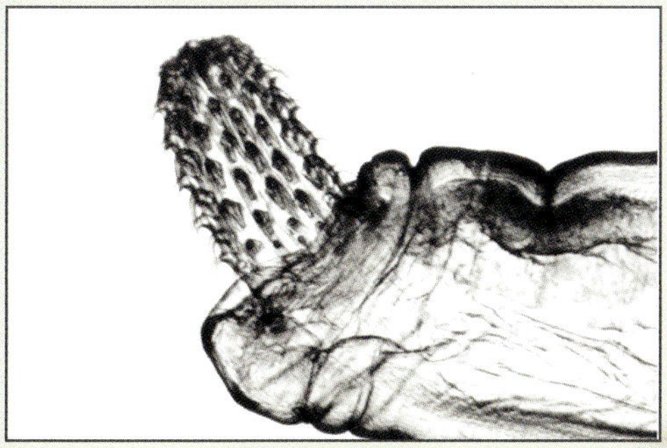

Acanthocephalus lucii; Hecht, Darm, 100-fach vergrößert Foto: © Manfred Rydlo

Acanthocephalus lucii; Hecht, Darm, Rüssel mit 12 bis 16 Hakenreihen; 100-fach vergrößert

4.2.6. NEMATODA (FADENWÜRMER)

Cystidicola farionis
Schwimmblasenwurm; parasitiert in Schwimmblase und Leibeshöhle verschiedener Fischarten, vor allem der Salmoniden.

Entwicklung: Eier mit fadenförmigen Anhängen (Filamenten); Zwischenwirte sind Flohkrebse (z. B. *Gammarus* spp.).

Symptome: ohne klinische Bedeutung

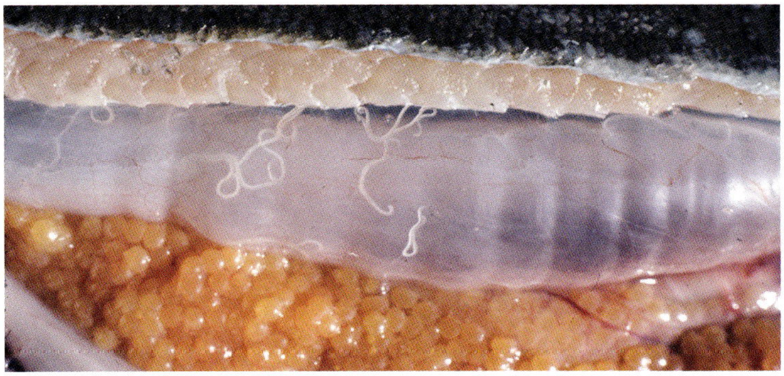

Cystidicola farionis; Regenbogenforelle, Schwimmblase

Cystidicola farionis; Vorderende, 40-fach vergrößert

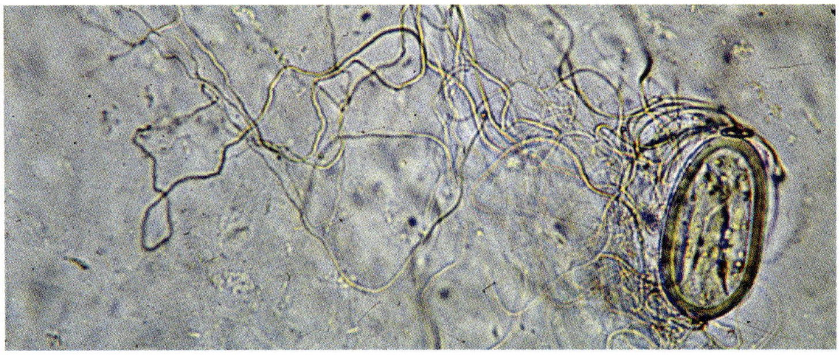

Cystidicola farionis; Ei mit Filamenten, 160-fach vergrößert

Anguillicola crassus
Schwimmblasenwurm beim Aal.

Entwicklung: Adulti in der Schwimmblase, Eier gelangen über den Schwimmblasengang in den Darm, dort schlüpfen die Larven, Ausscheidung mit Kot und Aufnahme durch Zwischenwirte (Copepoden). Diese gelangen mit dem invasionsfähigen Larvenstadium indirekt über Stapelwirte (z. B. Stichling, Kaulbarsch) oder direkt in den Aal (Endwirt).

Symptome: blutig ödematisierte Schwimmblase mit verdickter Wand.

Anguillicola crassus; Adulti (ad); Aal, Schwimmblasenentzündung (sb) Foto: © Oliver Hochwartner

Philometridae
mit z. B. folgenden Arten: *Philometroides cyprini* (syn. *Philometra lusii* bzw. *Philometra lusiana*, parasitiert bevorzugt bei Cypriniden), *Philometra rischta* (früher *Thwaitia rischta*) und *Philometra ovata*.

Entwicklung: Lebendgebärend; die von ♀♀ geborenen Larven entwickeln sich in Copepoden (Zwischenwirt) zum invasionsfähigen zweiten Larvenstadium; nach Aufnahme durch einen Fisch als Endwirt durchbohren sie die Darmwand und gelangen in die Leibeshöhle; nach erfolgter Kopulation wandern die Weibchen bis zu den Schuppentaschen. Die ♀♀ von *Philometra rischta* leben unter der Haut des Kiemendeckels.

Symptome: Bei Massenbefall wird der Fisch durch diese Körperwanderung erheblich geschädigt. Die durch Blutsaugen rot gefärbten Würmer ragen, mit freiem Auge erkennbar, zwischen den Schuppen hervor und setzen so die Larven ins freie Wasser ab. Teichwirtschaftlich von untergeordneter Bedeutung.

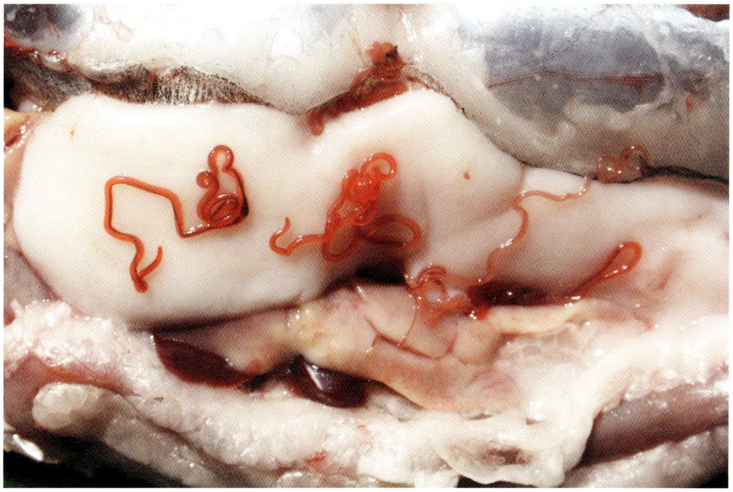

Philometra ovata; in der Leibeshöhle eines Aitel

Philometra rischta; unter der Haut des Kiemendeckels einer Laube

Raphidascaris acus
Darmparasit; in Süßwasser- und Brackwasserfischen, die Zwischenwirt (hauptsächlich Cypriniden) oder Endwirt (z. B. Barschfische, Hecht, Aal) sein können; Auftreten von wirbellosen Stapelwirten möglich, die Wurmlarven aber nur auf Zwischenwirte übertragen können.

HINWEIS: OHNE ABBILDUNG.

Camallanus spp. (Fräskopfwürmer)
Darmparasiten; bei Aquarienfischen tritt vor allem *Camallanus cotti* auf. *C. lacustris* (Kappenwurm) wird u. a. bei Barsch, Hecht, Coregonen und Forellen beschrieben. Typisch ist die gerippte Kopfkapsel mit zangenförmigem Mund zur Verankerung in der Darmwand; durch Saugen von Blut bekommen diese Würmer ihre rote Farbe.

Entwicklung: Lebendgebärend; ein Zwischenwirt (*Cyclops*) ist nicht für alle Arten obligat.

Symptome: Die adulten Fräskopfwürmer parasitieren im Enddarm; zum Absetzen der Larven lassen die Weibchen ihr Hinterende aus dem After des Fisches heraushängen; Abmagerung, Wachstumsstörung, Darmentzündung, veränderte Kotbeschaffenheit.

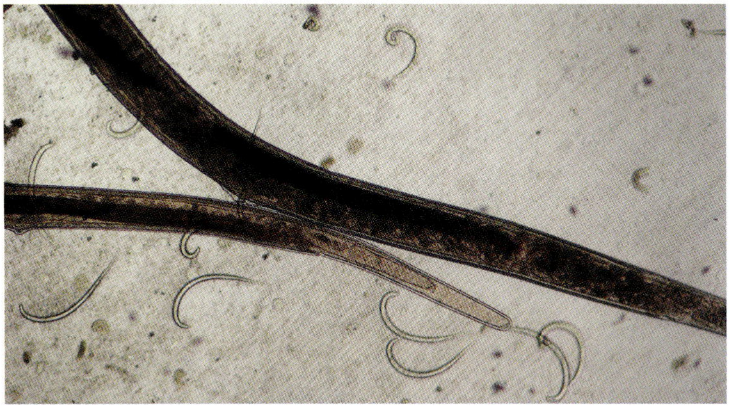

Camallanus sp.; Adulti und Larven

Capillaria spp. (Haarwürmer)
Darmparasiten; vor allem in der Aquaristik von Bedeutung; ovale Eier mit charakteristischen Polpropfen.

Entwicklung: Im allgemeinen direkte Entwicklung oder über Wenigborster (Oligochaeten) als Zwischenwirte, z. B. bei *C. petruschewskii* (Perciden, Salmoniden und Cypriniden).

Symptome: Bei starkem Befall Abmagerung, Wachstumsstörung.

HINWEIS: OHNE ABBILDUNG.

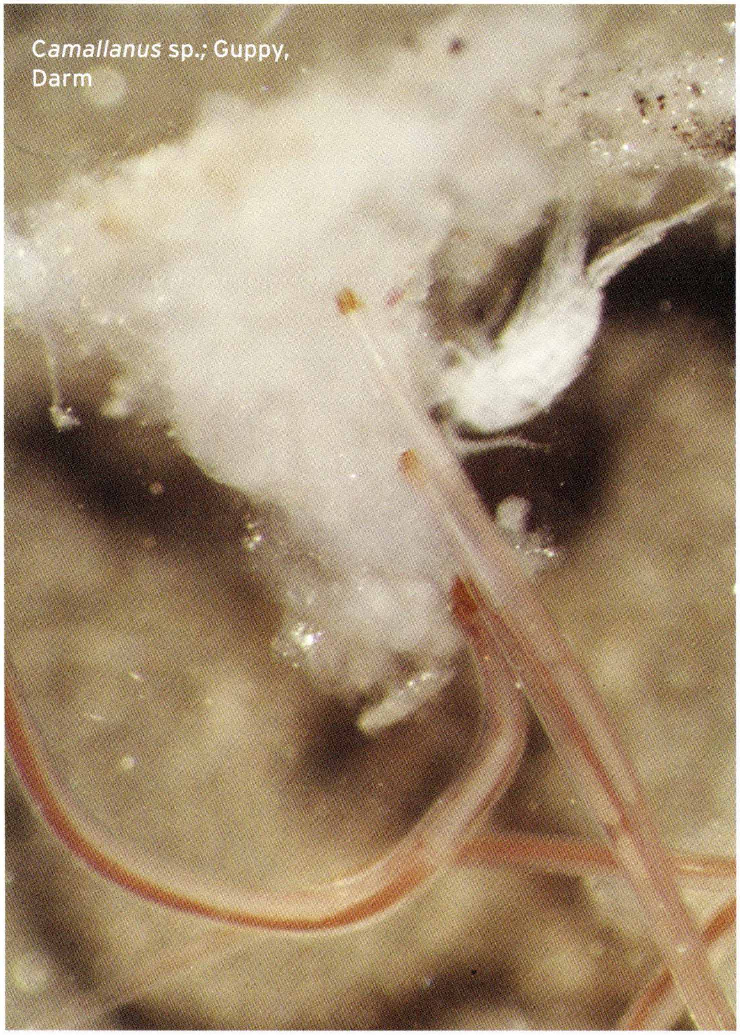

Camallanus sp.; Guppy, Darm

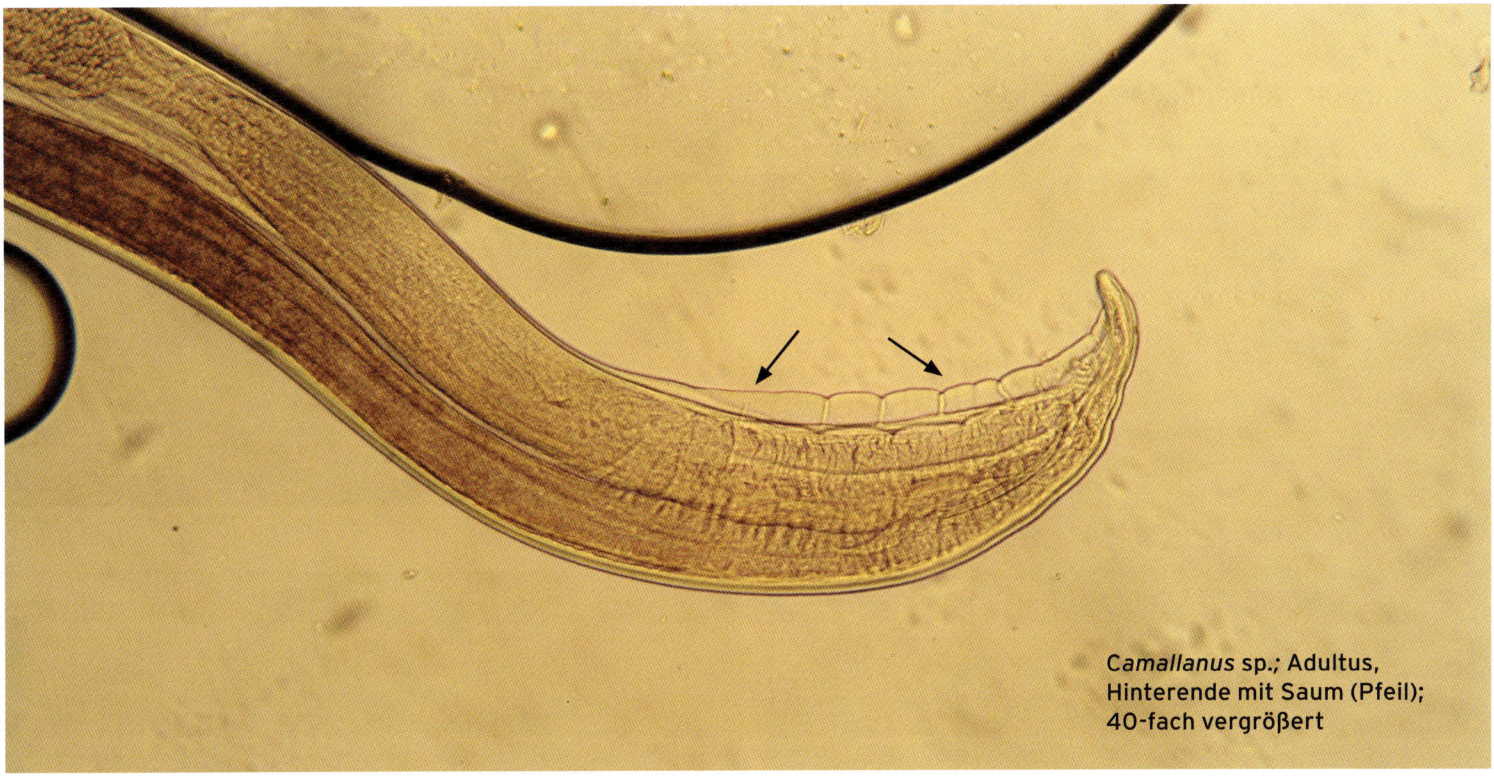

Camallanus sp.; Adultus, Hinterende mit Saum (Pfeil); 40-fach vergrößert

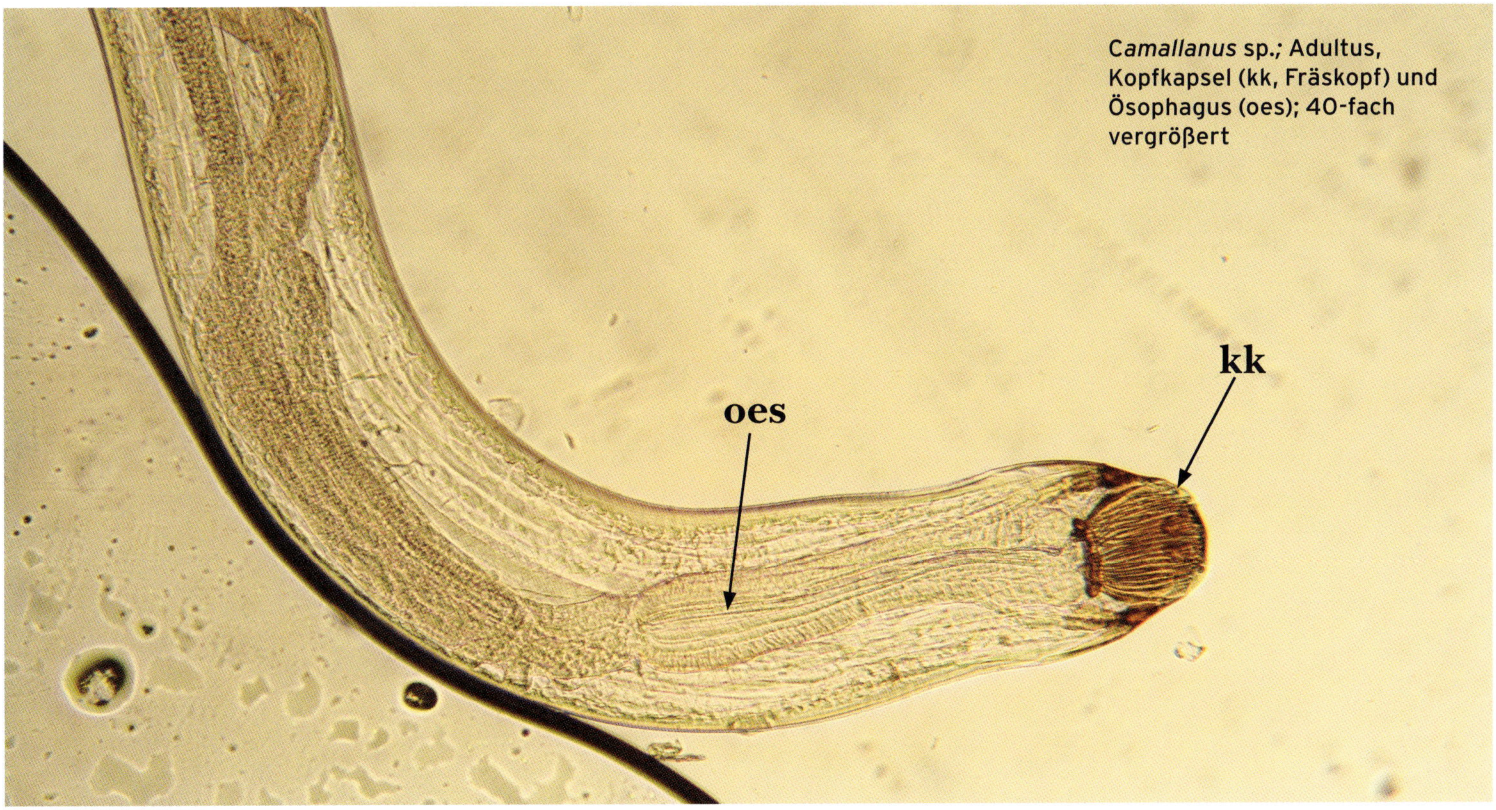

Camallanus sp.; Adultus, Kopfkapsel (kk, Fräskopf) und Ösophagus (oes); 40-fach vergrößert

4.2.7. HIRUDINEA (EGEL)

Temporärer Parasitismus.

Piscicola geometra (Gemeiner Fischegel)
Körper mit typischer Querstreifung, 2 bis 4 cm (max. 10 cm) lang; spannerartige Fortbewegung mit Hilfe eines vorderen und hinteren Saugnapfes, ersterer mit Mundwerkzeugen. Schädigt bei starkem Befall die Fische durch Blutsaugen; überträgt als Zwischenwirt Blutparasiten (*Cryptobia* spp.) und ist Vektor für Bakterien und Viren (z. B. SVCV).

Entwicklung: Zwitter; die Eiablage erfolgt in Kokons.

Symptome: Fischegel saugen sich innerhalb von zwei bis drei Tagen mit dem Blut, das in großen Blindsäcken des Darmtraktes gespeichert wird, voll. Die von ihnen verursachten Wunden können Ursache sekundärer bakterieller Infektionen oder Verpilzung sein.

Piscicola geometra

Piscicola geometra; Vorderende mit kleinem Saugnapf und Augenpunkten; Hinterende mit großem Saugnapf; 0,8-fach vergrößert

Piscicola geometra; Zwergwels (fünf Barteln); Egelbefall (Pfeile) und blutige Saugspuren

Piscicola geometra; Karpfen, hochgradiger Befall

Piscicola geometra; Seeforelle, Egelbefall und Saugspuren

Cystobranchus spp.
Barbenegel (*C. respirans*) und Quappenegel (*C. mammillatus*): 2 bis 4 cm lange parasitäre Fischegel.

HINWEIS: OHNE ABBILDUNG.

Branchiobdellida (Krebsegel)
Krebsegel besiedeln Panzer und Kiemen von Flusskrebsen und weiden diese ab; sie sind wirtsspezifisch und bevorzugen bestimmte Körperareale; bei der Häutung werden Egel und deren Eier entfernt. Die Art *Branchiobdella hexodonta* besiedelt die Kiemen; es herrscht noch Unklarheit, ob sie als Parasiten Hämolymphe (Blut und Leibeshöhlenflüssigkeit bei Tieren mit offenem Blutgefäßsystem) saugen oder Gewebeteile der Kiemen aufnehmen oder als Kommensalen Nahrung aus dem Atemwasser der Krebse gewinnen.

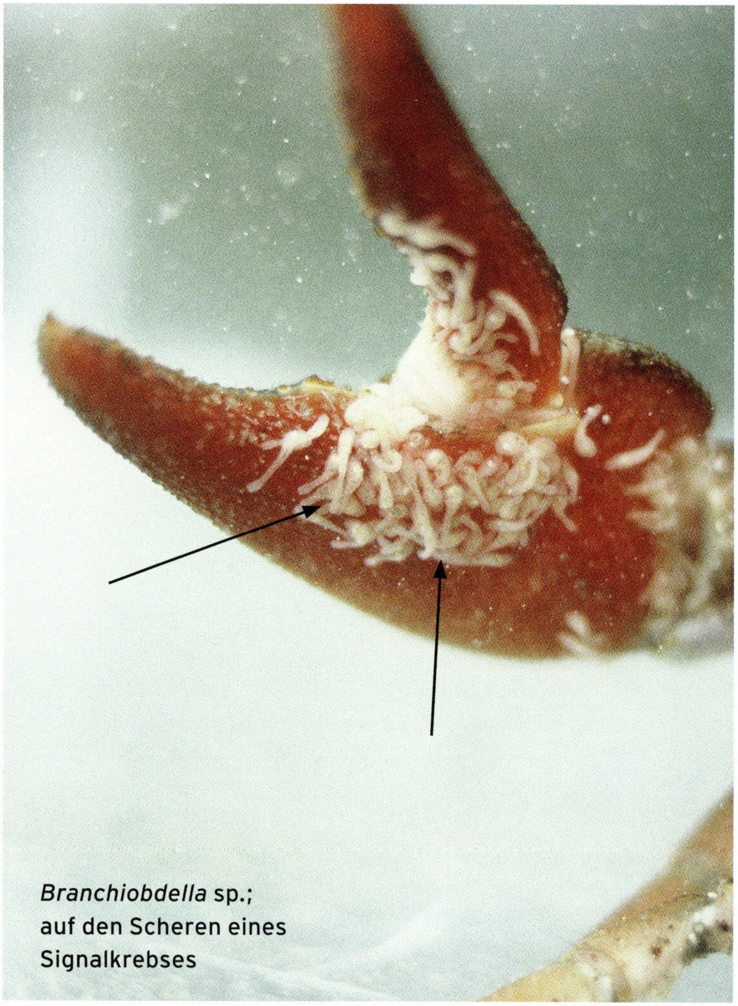

Branchiobdella sp.; auf den Scheren eines Signalkrebses

Branchiobdella sp.; Adulti (ad) und Kokons (weiße Pünktchen) auf den Eiern eines Signalkrebses

Branchiobdella sp.; Adulti und Kokons auf den Eiern eines Signalkrebses

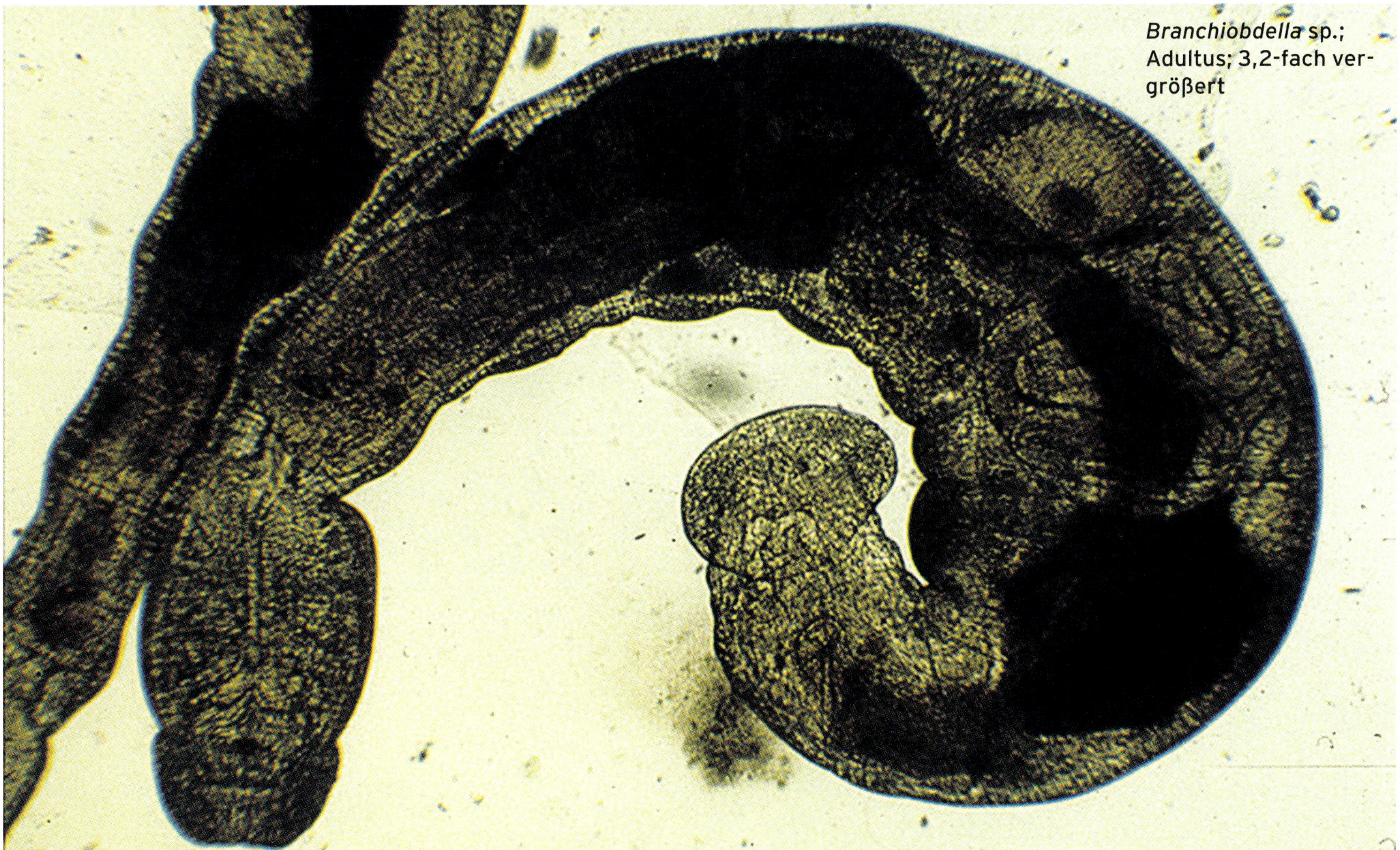

Branchiobdella sp.; Adultus; 3,2-fach vergrößert

4.2.8. CRUSTACEA (KREBSE)

Temporärer Parasitismus.

Ergasilus sieboldi (Kiemenkrebs)
Ein der parasitischen Lebensweise angepasster Copepode. Der Hauptwirt von *E. sieboldi* ist die Schleie, aber es werden auch andere Fischarten (z. B. Hecht) befallen. Je träger das Schwimmverhalten eines Fisches, desto stärker der Befall.

Entwicklung: über verschiedene Larvenstadien (Nauplius, Copepodit) zum Adultus. Nach der Kopulation gehen die ♀♀ zur parasitischen Lebensweise über. Dazu ist das zweite Antennenpaar zu großen Klammerhaken umgewandelt und dient zum Festhalten auf den Kiemen des Wirtes. Die bis zu 2 mm großen ♀♀ tragen zwei Eipakete am Körperende. Massenentwicklung bei höheren Wassertemperaturen infolge kürzerer Entwicklungszeit.

Symptome: Durch Zellproliferation des Atemepithels kommt es zu Störungen des Gasaustausches und der Exkretion. Befallene Fische zeigen Atemnot, magern stark ab; die Mortalität kann hoch sein.

Ergasilus sieboldi; Schleie, Kiemen

Ergasilus sieboldi; Schleie, Kiemen; weibliche Krebse mit Eipaketen

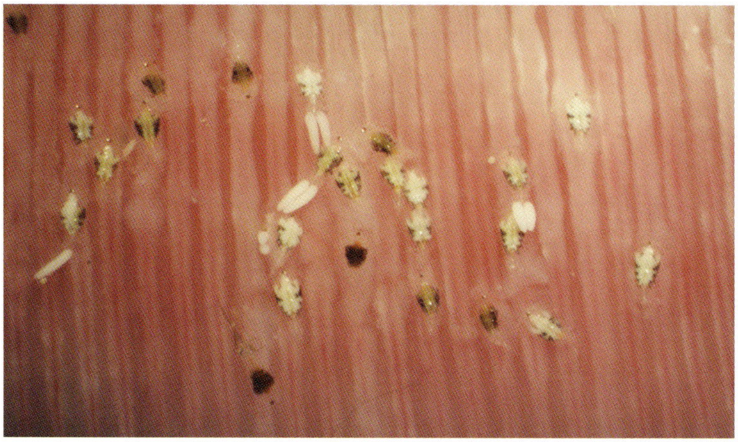

Ergasilus sieboldi; Zander, Kiemen; weibliche Krebse mit Eipaketen

Lernea spp. (Ankerwurm)
Ein der parasitischen Lebensweise angepasster Copepode. Von den über 40 Arten kommen in unseren Gewässern v. a. *L. cyprinacea* (Hauptwirt Karausche), *L. elegans* (verschiedene Wirte) und *L. polymorpha* (Silber- und Marmorkarpfen) vor.

Entwicklung: über verschiedene Larvenstadien (Nauplius, Copepodit) zum Adultus. Die am Fisch relativ unbeweglichen Copepodite befallen Kiemen, Flossen oder Haut; ♂♂ sind nicht parasitär, die adulten ♀♀ hingegen bohren sich durch die Haut und verankern sich mit ankerförmigen Kopffortsätzen in der oberflächlichen Muskulatur; der stabförmige Körper (bis zu 2 cm lang) ragt unter den Schuppen hervor; am Körperende tragen die ♀♀ zwei Eisäcke.

Symptome: Die Copepodite rufen an den Kiemen Epithelschädigungen hervor; die Adulti verursachen Hautverletzungen mit punktförmigen Blutungen, Entzündungen und Muskelnekrosen; Sekundärinfektion durch Bakterien/Pilze.

Lernea elegans; in den Schuppentaschen einer Brachse verankert

Lernea elegans; adultes Weibchen, Eisäcke am Hinterende, ankerförmiger Haftapparat am Vorderende

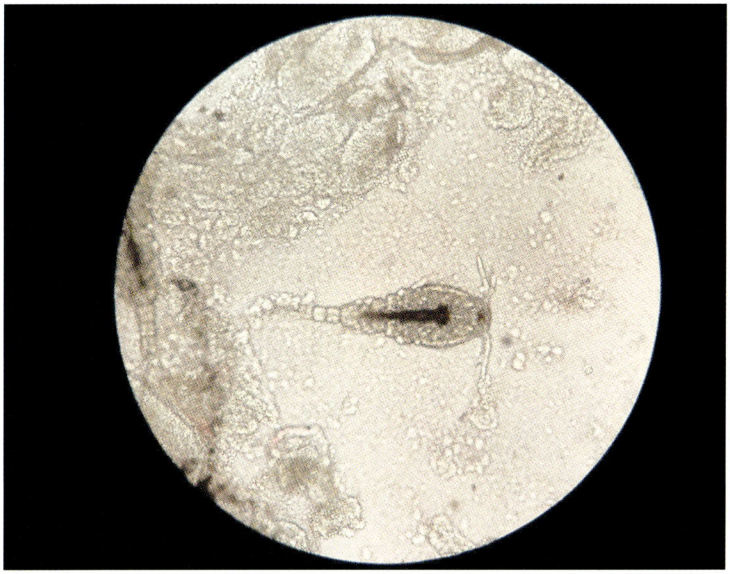

Lernea elegans; Copepoditstadium Foto: © Oliver Hochwartner

Basanistes huchonis
Ein der parasitischen Lebensweise angepasster Copepode. Als Hauptwirt gilt der Huchen.

Entwicklung: über verschiedene Larvenstadien (Nauplius, Copepodit) zum Adultus. Mit dem pilzartigen Haftapparat heften sich die ♀♀ v. a. auf der Innenseite des Kiemendeckels an. Ihr Thorax weist mehrere prominente Wülste auf. ♂♂ sind freischwimmend.

Symptome: Selbst bei hohem Befall meist nur harmlose Schädigung des Oberflächengewebes.

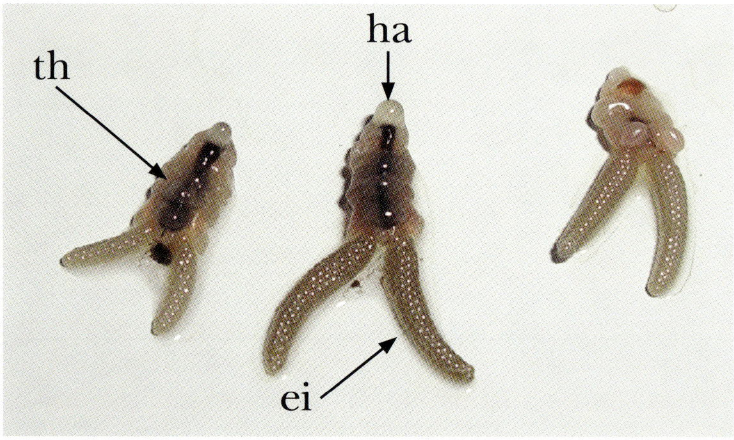

Basanistes huchonis; adulte Weibchen mit Eisäcken (ei) am Hinterende und pilzförmigem Haftapparat (ha) am Vorderende, Thoraxwülste (th)

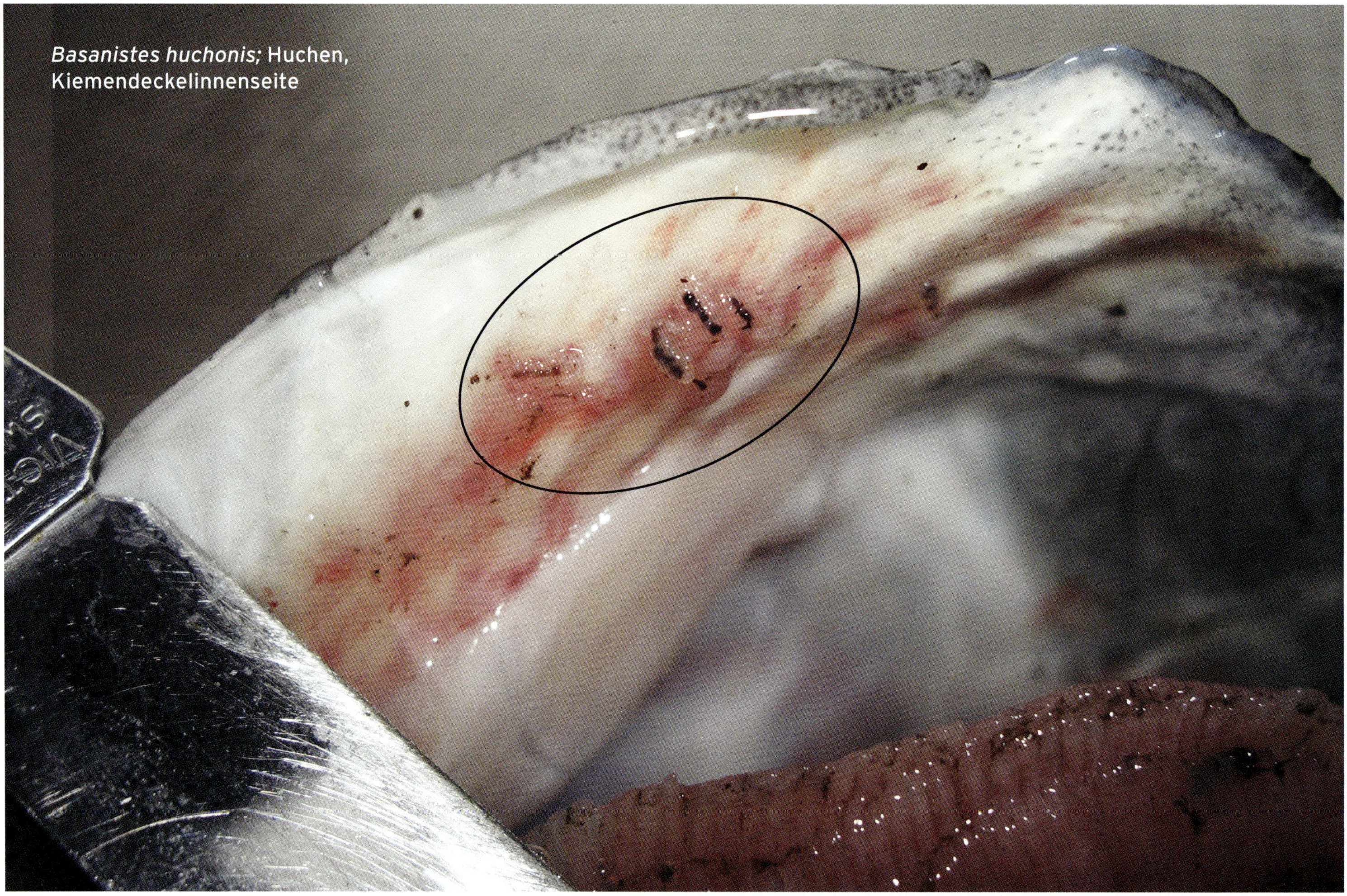

Basanistes huchonis; Huchen, Kiemendeckelinnenseite

Argulus foliaceus (Karpfenlaus oder Fischlaus)
Zwei weitere Arten, *Argulus coregoni* und *A. japonicus*, sind beschrieben. Karpfenläuse sind schildförmig, durchsichtig und bis zu 8 mm groß; sie besitzen zwei schwarze Facettenaugen und zwei Saugnäpfe. Mit einem beweglichen Stachel wird ein Gift, das die Blutgerinnung hemmt, in die Stichwunde abgegeben und Blut gesaugt.

Entwicklung: Die Begattung erfolgt im freien Wasser; die Eier werden an Wasserpflanzen und Steinen abgelegt; der Adultus entwickelt sich über mehrere freilebende Larvenstadien (Nauplius und Metanauplius).

Symptome: Die Fische werden stark beunruhigt und scheuern und springen; durch den Stich werden Eintrittspforten für Bakterien geschaffen; das Wechseln von Fisch zu Fisch kann zum Übertragen von Krankheitserregern (z. B. SVCV) führen.

Argulus foliaceus; Bachsaibling, hochgradiger Befall

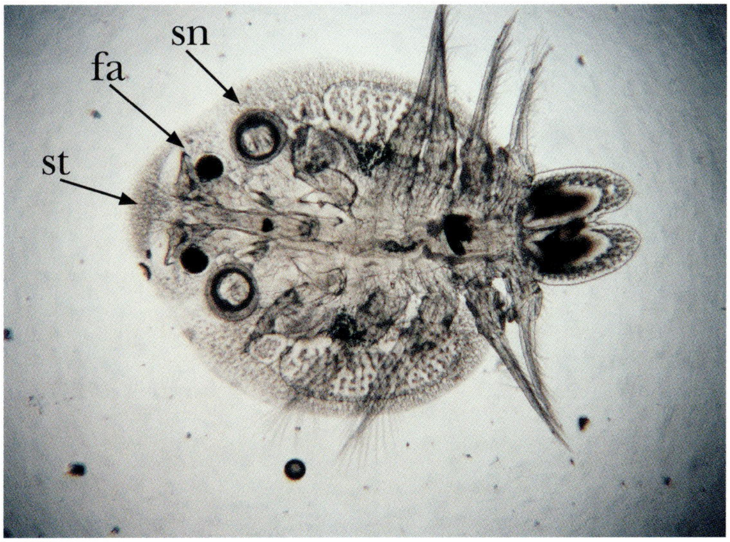

Argulus foliaceus; Saugnapf (sn), Facettenauge (fa), Stachel (st); 40-fach vergrößert

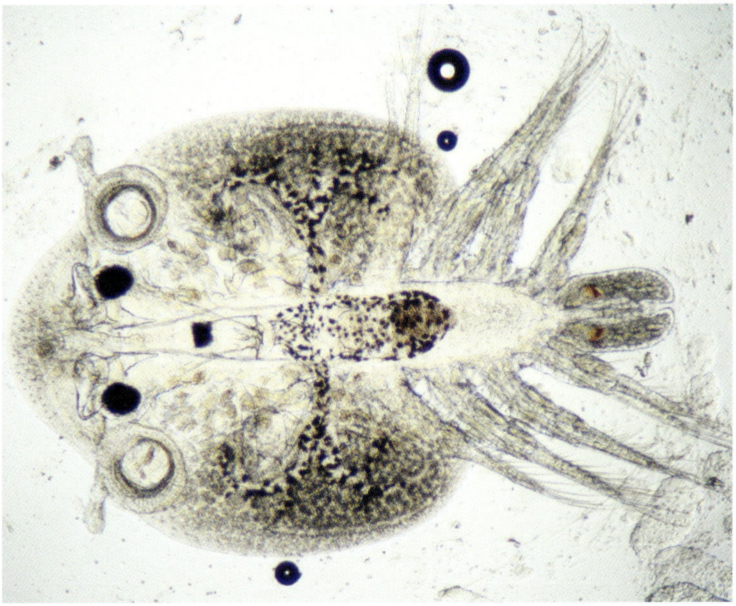

Argulus foliaceus; 40-fach vergrößert

Argulus foliaceus; Regenbogenforelle, hochgradiger Befall, Kachexie

4.2.9. BIVALVIA (MUSCHELN)

Glochidien
Larven unserer heimischen Großmuscheln; Größe von 0,07 mm (Flussperlmuschel) bis 0,35 mm (Teichmuschel).

Entwicklung: Glochidien entwickeln sich in den Kiementaschen der weiblichen Muschel und werden dann bis zu millionenfach (Flussperlmuschel) ausgestoßen; ein kleiner Prozentsatz schafft es, sich im Kiemen- und Flossengewebe von Wirtsfischen einzunisten (sog. parasitäres Stadium), um sich dort von 10–30 Tagen (Teichmuschel) bis hin zu mehreren Monaten (Flussperlmuschel) weiterzuentwickeln. Als Wirtsfische kommen zahlreiche heimische Fischarten in Frage, wobei die Flussperlmuschel ausschließlich auf die Bachforelle angewiesen ist; diese kann gegen die Glochidien auch eine gewisse Immunität entwickeln (Antikörperbildung, Abstoßungsreaktion), i. d. R. überstehen die Wirtsfische das parasitäre Stadium ohne Schädigung.

Teichmuschel (*Anodonta* sp.); Hinterende, oben die Einströmöffnung und darunter die Ausströmöffnung

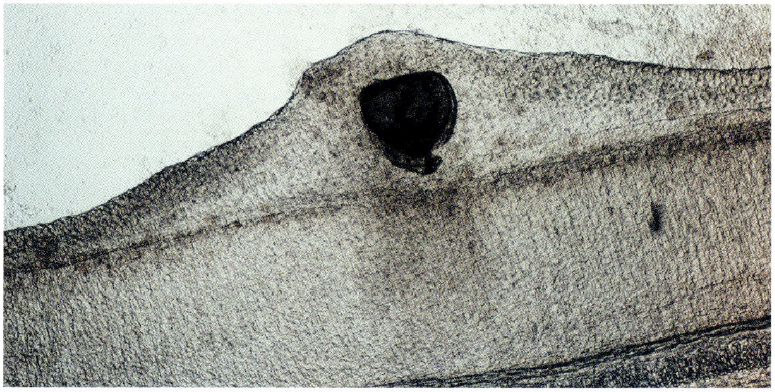

Glochidie, Teichmuschel; Regenbogenforelle, Haut; 16-fach vergrößert

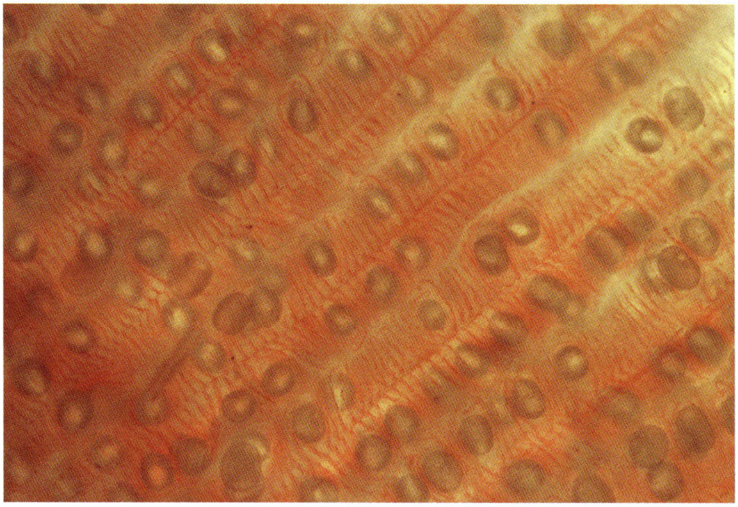

Glochidien, Flussperlmuschel; Bachforelle, Kiemen; 10-fach vergrößert

Glochidien, Flussperlmuschel; Bachforelle, Kiemen; 16-fach vergrößert

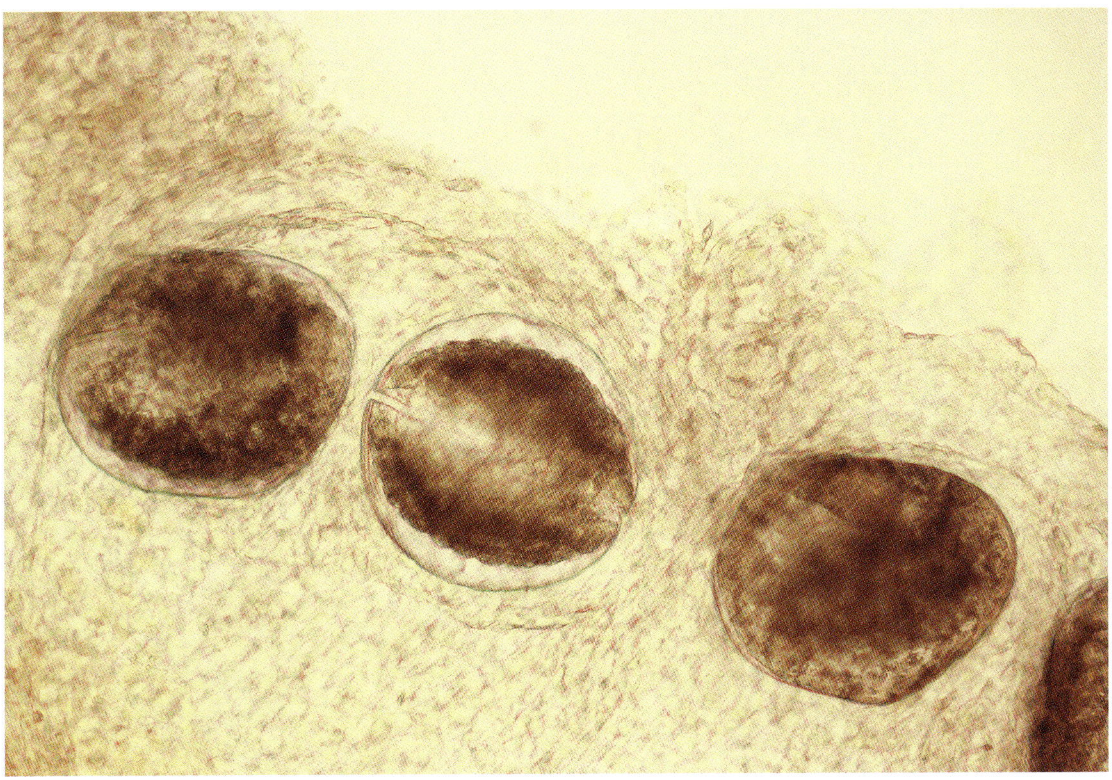

Glochidien, Flussperlmuschel; Bachforelle, Kiemen; 100-fach vergrößert

UMWELT-, HALTUNGS- UND ERNÄHRUNGS-BEDINGTE KRANKHEITEN

Bachforellen, Dottersackbrut; normale Entwicklung; ein Individuum weist eine Dottersackerweiterung auf (Ellipse)

1. Ernährungs-bedingte Krankheiten

LIPOIDE LEBERDEGENERATION (LLD)

Allgemeines: Krankhafte Leberverfettung durch Ablagerung von Neutralfett in den Leberzellen, v. a. bei Salmoniden.

Ursachen: Überfütterung, zu hoher Fettgehalt des Futters, ungeeignete Fettqualität, verdorbenes Futter, Einwirkung lebertoxischer Substanzen (z. B. *Aflatoxin* aus Schimmelpilzen). Sauerstoffmangel verstärkt die Wirkung der beschriebenen Ursachen.

Symptome: Leberverfärbung von ockergelb über gelb bis weiß; Vergrößerung und stumpfe Ränder der Leber. Anmerkung: Bei manchen Arten, wie z. B. Saibling und Hecht, ist eine hellbraune Farbe physiologisch.

Bachsaibling; Leber, ocker bis gelbfarben

Regenbogenforelle; Leber, Schwellung und Verfärbung zu hellbraun

Regenbogenforelle; gesunde Leber (le) zum Vergleich; Magen (ma), Milz (mi)

SCHWIMMBLASENENTZÜNDUNG (SBE)

Ursachen:

1. Durch aus dem Verdauungstrakt aufsteigende, bakterielle Entzündungen nach Fütterungsfehlern, vor allem bei der Regenbogenforelle.
2. Durch starke Schwankungen der Wassertemperatur in der Koihaltung (möglicherweise genetische Disposition).

Anmerkung: SBE kann auch parasitär bedingt sein, siehe *Sphaerospora renicola* bzw. *Anguillicola crassus*.

Symptome: Schwimmblasenwand trübe, verdickt; verstärkte Gefäßinjektion, Blutungen; Atrophie vor allem der hinteren Kammer.

Regenbogenforelle; Schwimmblasenwand getrübt, ödematisiert, fleckig verfärbt; Leber geschwollen, brüchiges Gewebe (Lipoide Leberdegeneration)

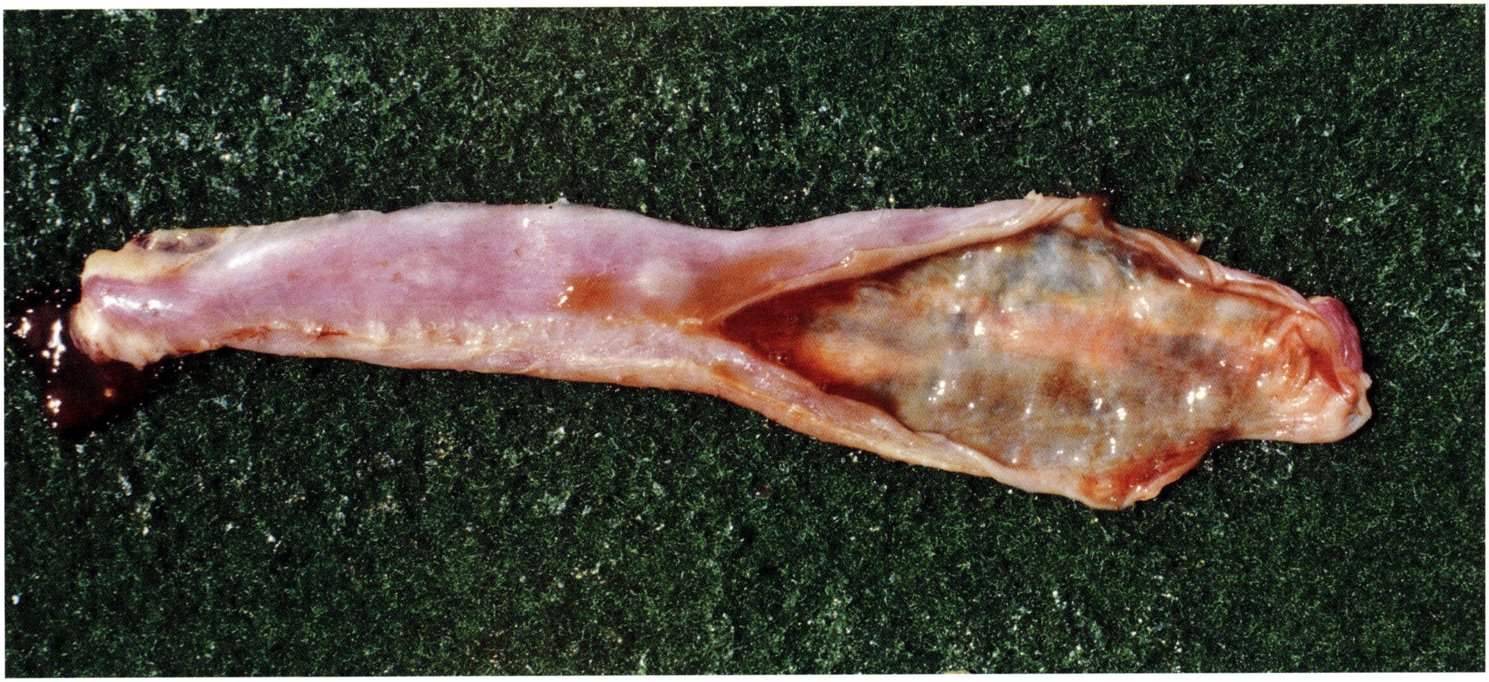

Dieselbe Schwimmblase eröffnet: hochgradig ödematisierte Schleimhaut

SCHWIMMBLASENTYMPANIE

Definition: Übermäßige Gasfüllung in der Schwimmblase durch Blockade des *Ductus pneumaticus* (Schwimmblasengang).

Ursachen: Überfütterung, vorwiegend bei der Regenbogenforelle.

Anmerkung: Kann auch ein Symptom der Gasblasenkrankheit sein.

Symptome: Aufblähung der Schwimmblase.

Seesaibling; abdominale Umfangsvermehrung durch Aufblähung der Schwimmblase

Regenbogenforelle

ENERGIEMANGELSYNDROM DER KARPFEN (EMS)

Allgemeines: Durch Fütterungsfehler verursachter Energiemangel bei Karpfen. Tritt v. a. im Frühjahr bei steigenden Wassertemperaturen auf, wenn ein hoher Energiebedarf besteht.

Ursachen:

1. Zu geringe Futtermenge oder zu weites Fett/Eiweiß-Verhältnis (optimal 1:2,5–3) in der Ration: Körperfettgehalt sinkt < 3 %.
2. Überfütterung mit Kohlehydraten und mangelnde Fettqualität im Futter (Fettsäuremuster): Körperfettgehalt steigt auf > 14 %.

Symptome: Gleichgewichtsstörungen, Apathie, Glotzaugen, Ascites. In der Folge erhöhte Anfälligkeit für Stress und Krankheiten. Ein Gesamtkörper-Fettgehalt von < 1 % führt zum Tod.

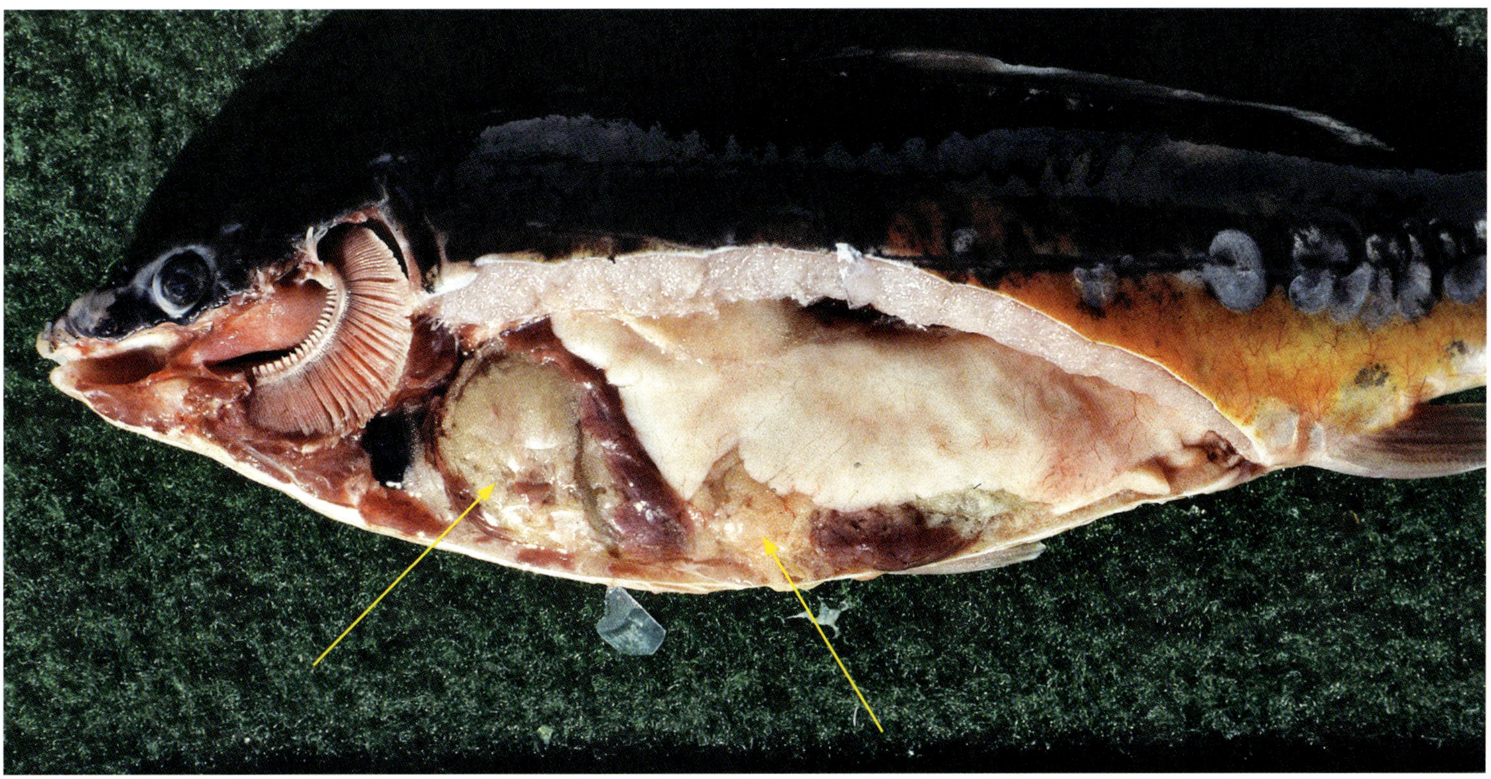

Koi; starke Bildung von glasigem Eingeweidefett (Pfeil)

STEINEFRESSEN

Allgemeines: Ansammlung mehr oder weniger großer Mengen Steine in Magen und Darm, v. a. bei Regenbogenforellen in Teichen mit Kiesboden.

Ursachen: falsches Fütterungsmanagement (z. B. Unterfütterung; einmalige Verabreichung zu großer Futtermengen; falsche Korngröße)

Symptome: Auftreibung der Leibeshöhle: vielfach ohne gravierende gesundheitliche Folgen, aber problematisch bei der maschinellen Verarbeitung.

Regenbogenforelle; extreme Umfangsvermehrung

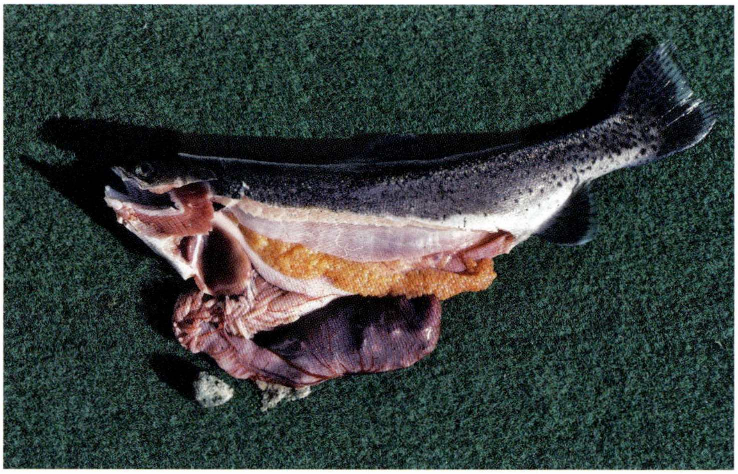

Regenbogenforelle; Darm gefüllt mit Steinen, Schwimmblase mit Schwimmblasenwürmern (*Cystidicola farionis*)

Regenbogenforelle; hochgradige hämorrhagische Enteritis

GELBFLEISCHIGKEIT

Fehlfärbung des Fleisches vor allem bei Regenbogenforellen in Naturteichen mit starkem Algenwachstum durch Aufnahme von gelben Carotinoiden (v. a. Lutein) aus der Nahrung (Grünalgen, Kukuruz, Luzerne) und Speicherung im Fettanteil der Muskulatur.

Regenbogenforelle; deutliche Gelbfärbung der Muskulatur, darunter Fisch mit Normalfärbung

2. Kiemenprobleme

ANATOMIE UND FUNKTION DER KIEMEN

Aufbau: In der Kiemenhöhle liegen vier Kiemenbögen mit jeweils zwei Reihen Primärlamellen (Kiemenblättchen) am Hinterrand, die Sekundärlamellen ausbilden (Holobranchien). Am Vorderrand der Kiemenbögen befinden sich die Kiemenreusendornen. Das Stützgewebe der Kiemenbögen ist knöchern, jenes der Primärlamellen knorpelig. Die Sekundärlamellen bestehen aus einer einzigen Lage von Epithelzellen (respiratorisches Epithel), gestützt von sog. Säulen- oder Palisadenzellen, welche die Blutkanäle (Blutsinus) bilden. Der fünfte Kiemenbogen ist je nach Fischart unterschiedlich ausgebildet und trägt, außer beim Aal, keine Kiemenlamellen. Die Kiemenhöhle wird durch den Kiemendeckel (*Operculum* und *Branchiostegalmembran*) verschlossen. An der Innenseite des Kiemendeckels sind die Pseudobranchien lokalisiert. Sie sind Sitz von Chemorezeptoren, die u. a. den Sauerstoffgehalt und den pH-Wert des arteriellen Blutes kontrollieren und bei der Sauerstoffversorgung des Auges eine Rolle spielen (daher die Bezeichnung Augenkieme). Sie weichen in ihrem Aufbau von den als Holobranchien bezeichneten Kiemenbögen ab, die das für die Atmung zuständige (respiratorische) Gewebe tragen.

Funktionen:

a) **Atmung** (Gasaustausch von Sauerstoff und Kohlendioxid);

b) **Exkretion** (Ausscheidung von Ammoniak);

c) **Osmoregulation** (Regulation des Ionen- und Wasserhaushaltes, Resorption von Natrium und Chlorid).

Kiemendeckel mit Operculum (op) und Branchiostegalmembran (br); Bachforelle Foto: © Gerhard Käfel

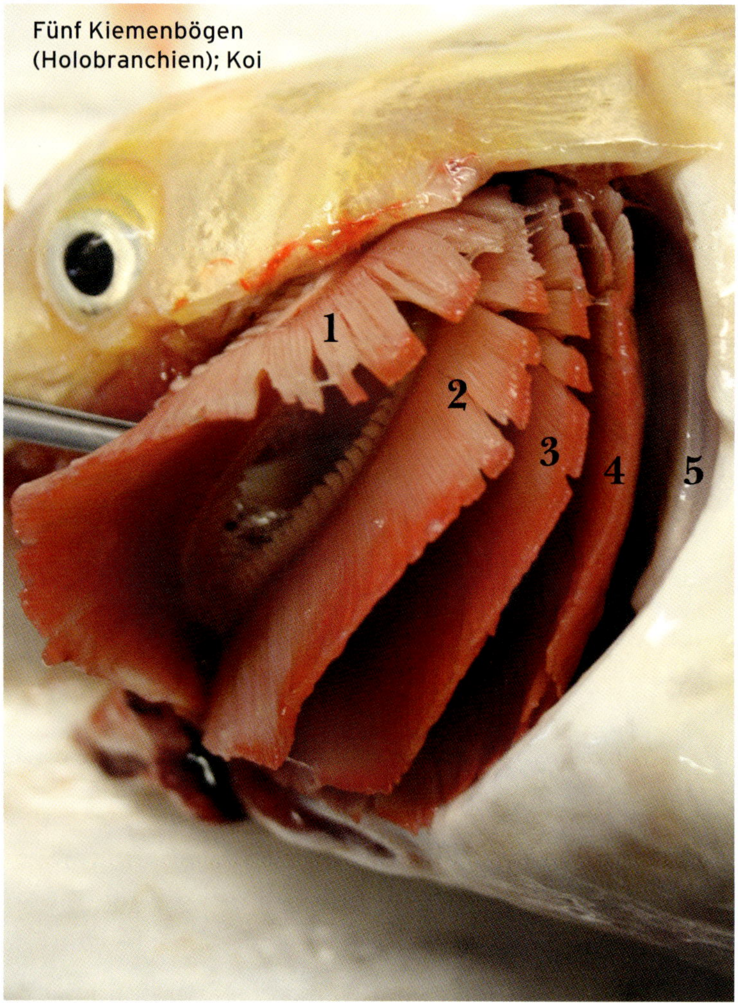

Fünf Kiemenbögen (Holobranchien); Koi

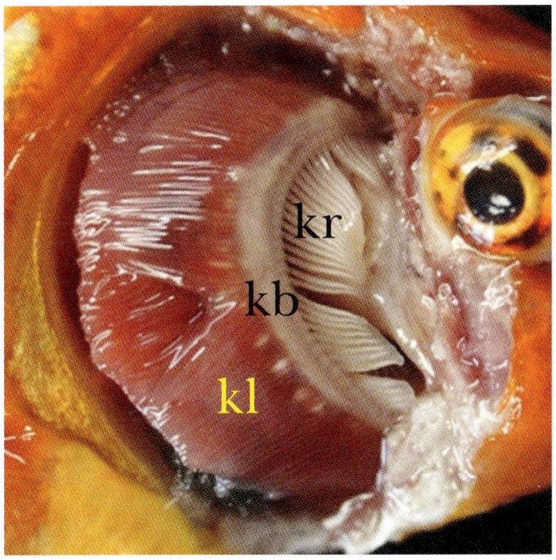

Kiemenlamellen (kl), Kiemenbogen (kb), Kiemenreusendornen (kr); Goldfisch

Pseudobranchien auf der Innenseite des Kiemendeckels; Huchen

Primärlamellen zweireihig (1,2); Bachsaibling; 10-fach vergrößert

Primär- und Sekundärlamellen; Regenbogenforelle; 40-fach vergrößert

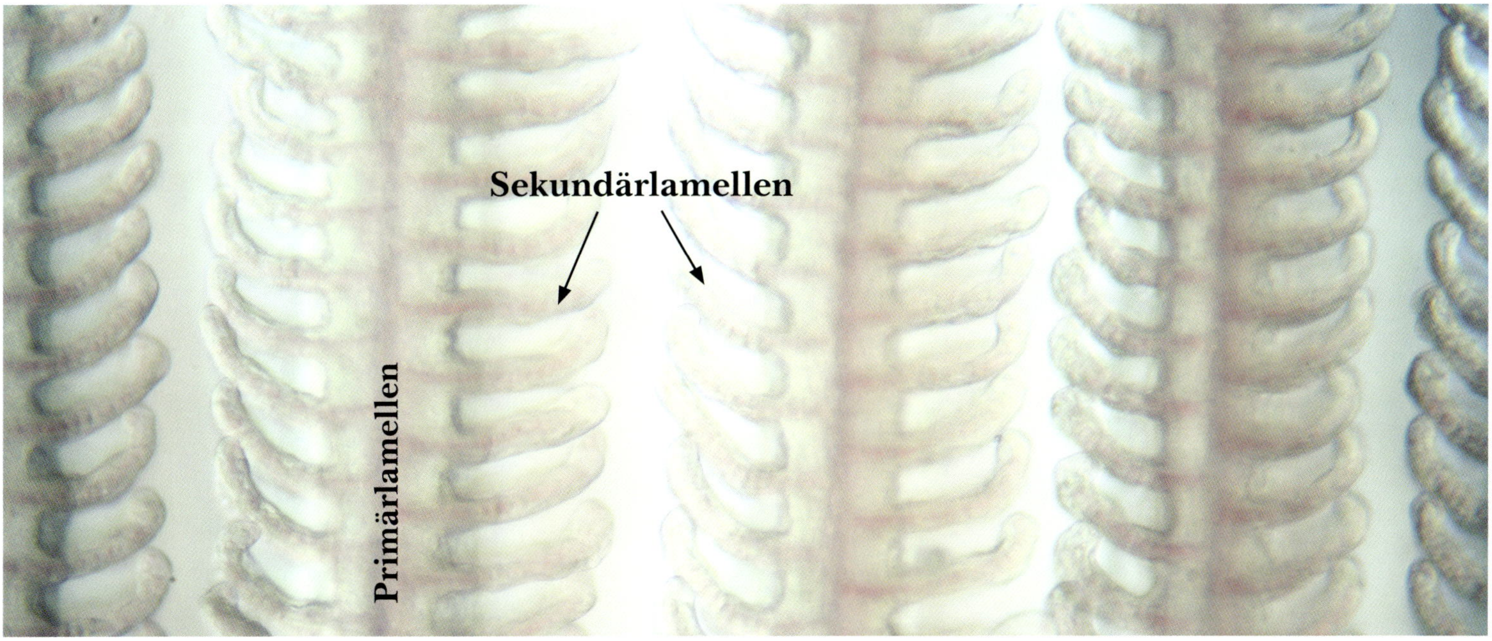

Primär- und Sekundärlamellen; Bachsaibling; 100-fach vergrößert

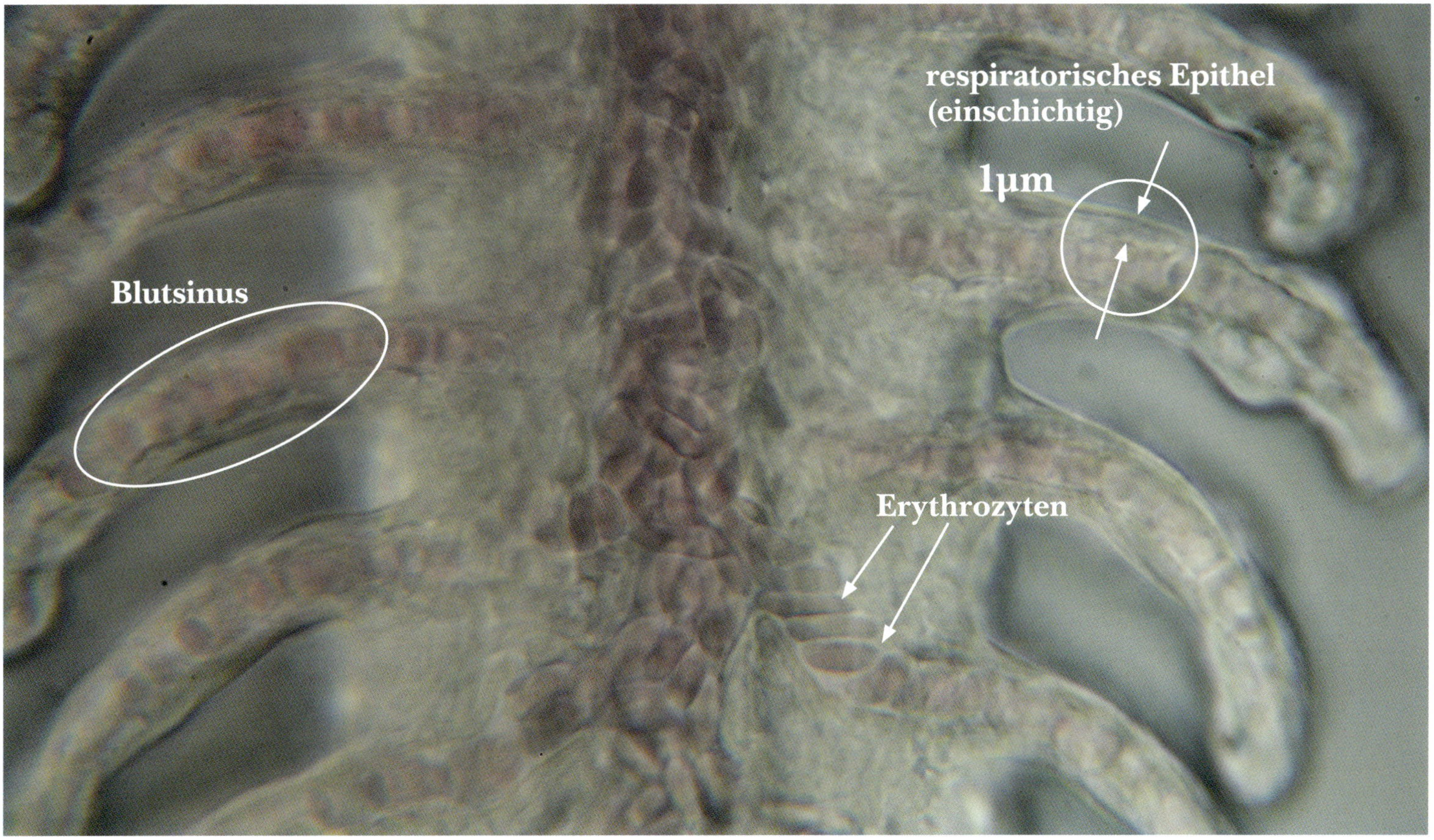

Respiratorisches Epithel, Blutsinus, Erythrozyten; Bachsaibling; 400-fach vergrößert

KIEMENSCHWELLUNG UND KIEMENNEKROSE

Allgemeines: Entzündliche Reaktion des Kiemenepithels auf externe oder interne Reize. Nach vermehrter Schleimbildung folgen pathologische Veränderungen der Epithelzellen (Hypertrophie) und Einwanderung von Entzündungszellen (Hyperplasie) im Sinne einer Schwellung und daraus resultierenden Funktionsstörung. Im Anschluss an die Schwellung kann es zur Nekrose (Absterben der Epithelzellen) kommen, ohne Möglichkeit der Regeneration.

Regenbogenforelle; Kiemenschwellung, abgespreizte Kiemendeckel ("dicker Kopf")

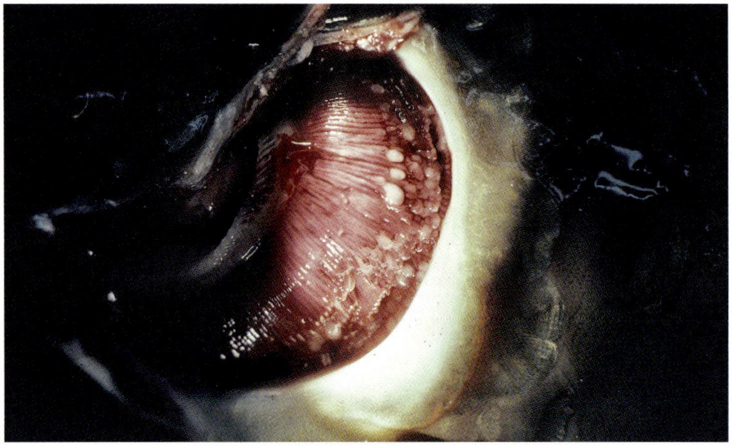

Karpfen; Kiemenschwellung, keulenförmig aufgetriebene Kiemenlamellenspitzen

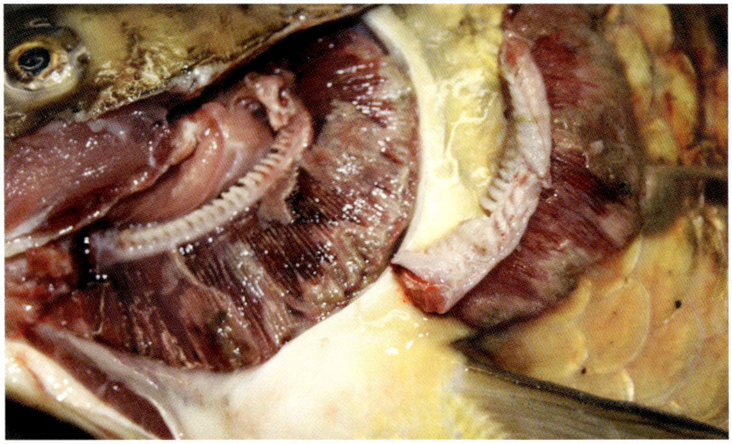

Karpfen; Kiemennekrose

Regenbogenforelle; blasse Kiemen (Anämie)

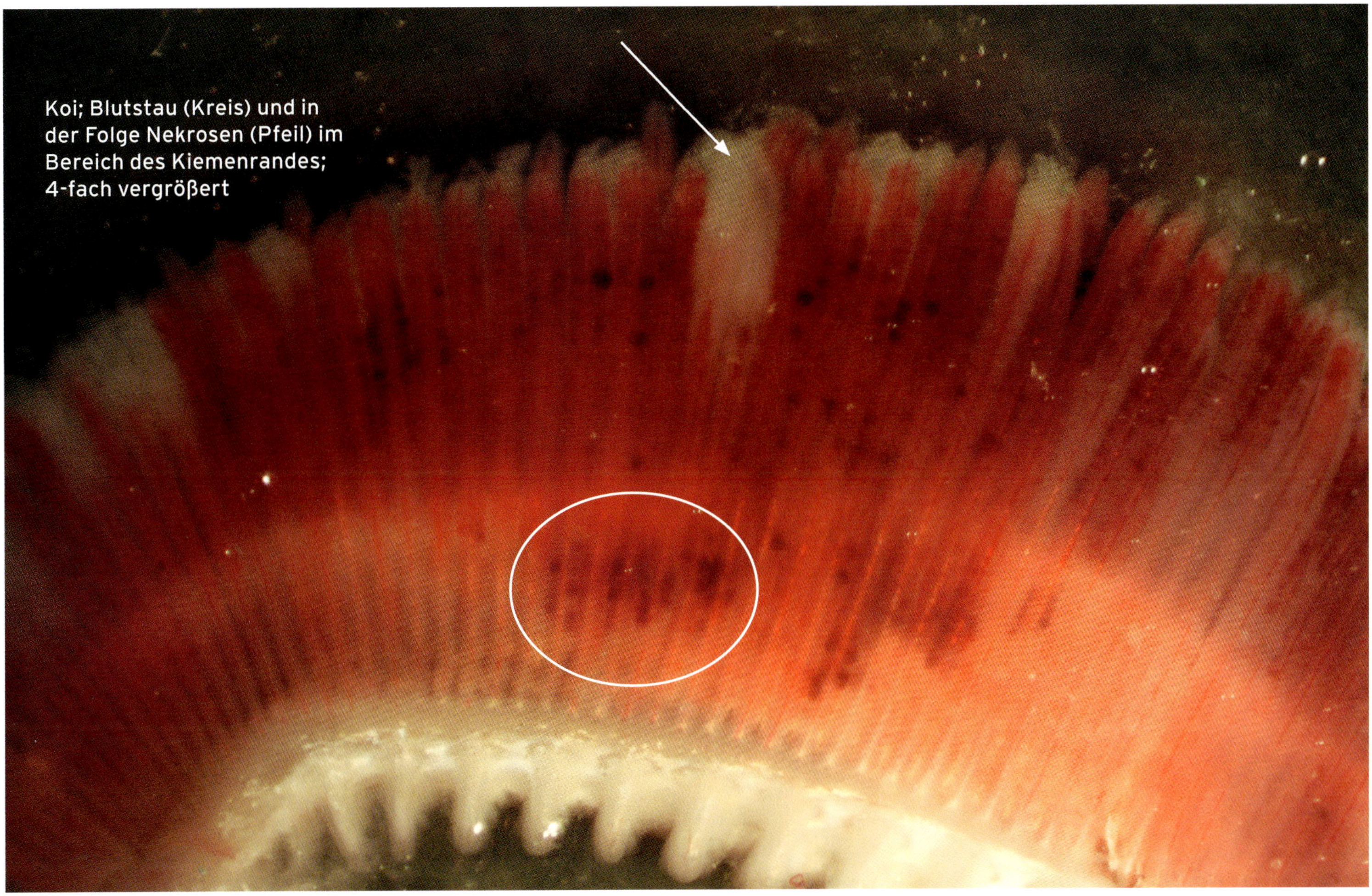

Koi; Blutstau (Kreis) und in der Folge Nekrosen (Pfeil) im Bereich des Kiemenrandes; 4-fach vergrößert

Schleimsaum auf einer Primärlamelle; 40-fach vergrößert

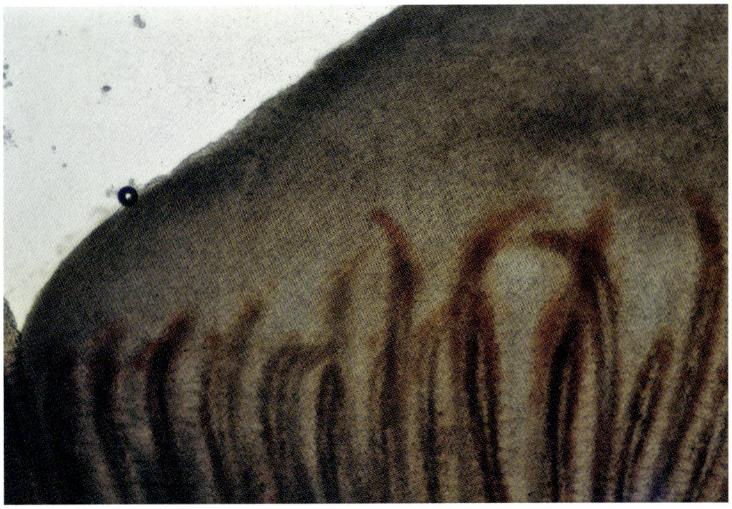

Hochgradige Schleimauflagerung auf den Kiemen; 25-fach vergrößert

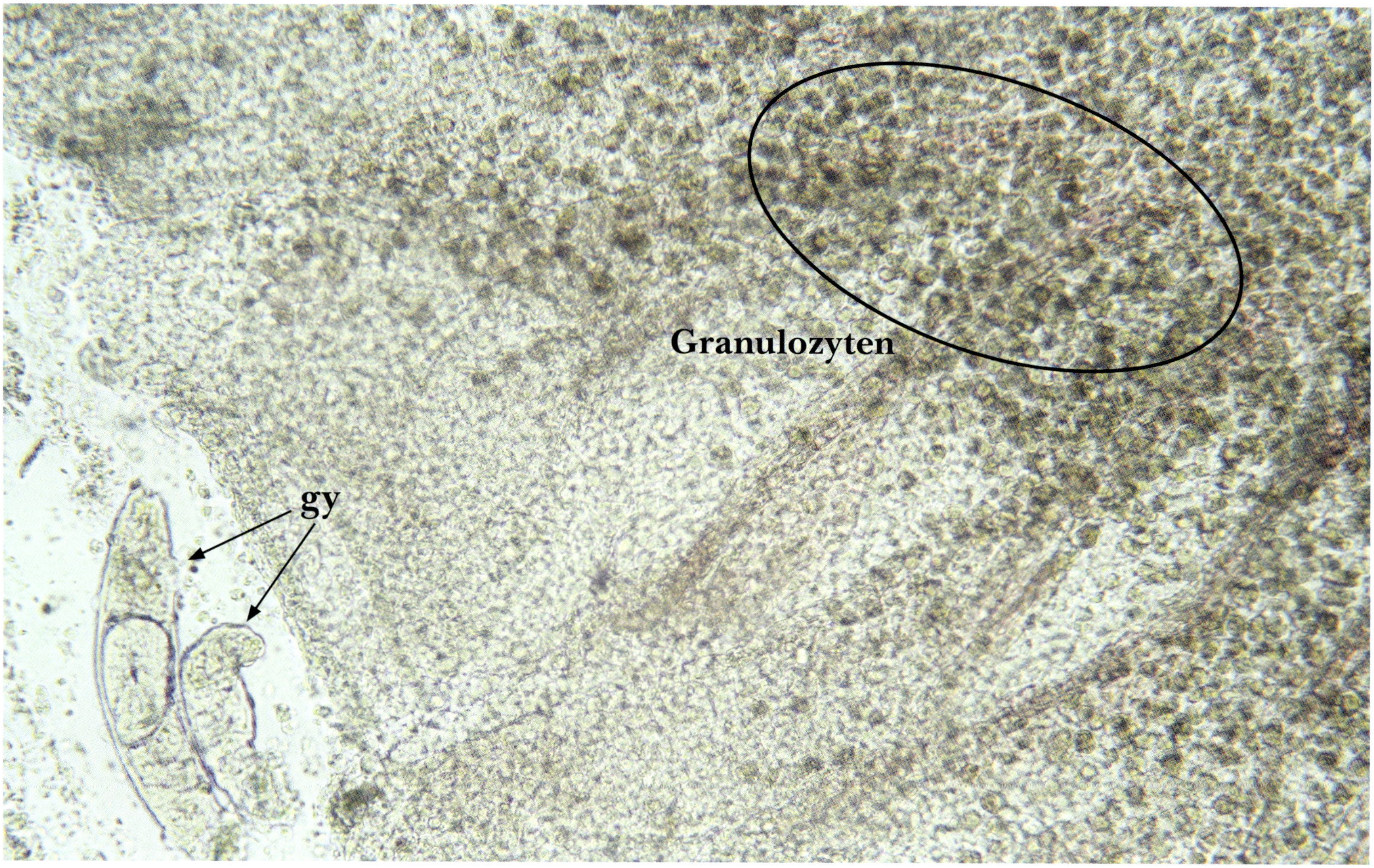

Zellmigration von Entzündungszellen (Granulozyten); links unten zwei Exemplare von *Gyrodactylus* sp. (gy); 100-fach vergrößert

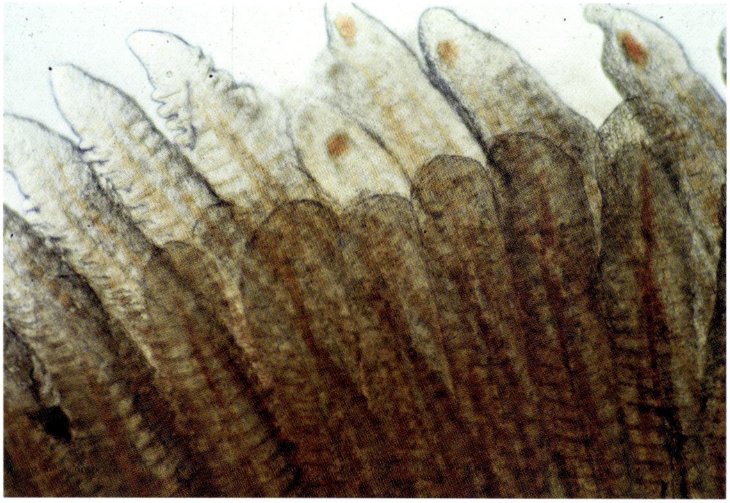

Regenbogenforelle, Brütling; Kiemenschwellung, Verschmelzung der Primär- und Sekundärlamellen; 25-fach vergrößert

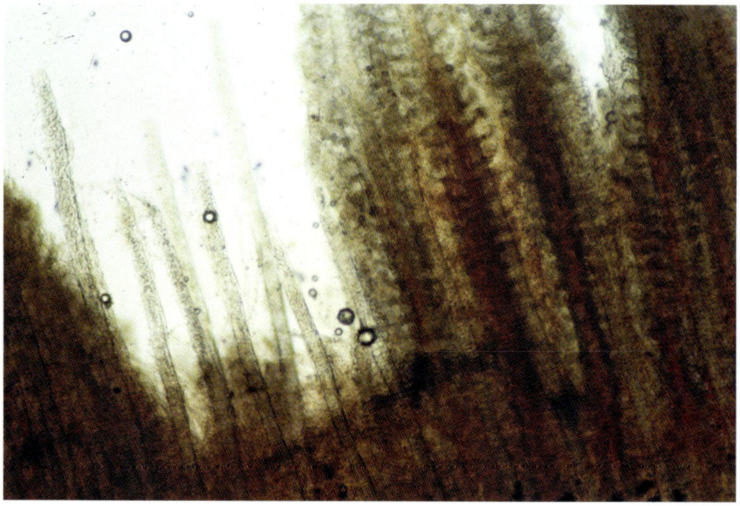

Bachsaibling; Kiemennekrose, freiragende Stützknorpel der Primärlamellen nach Gewebsverlust; 25-fach vergrößert

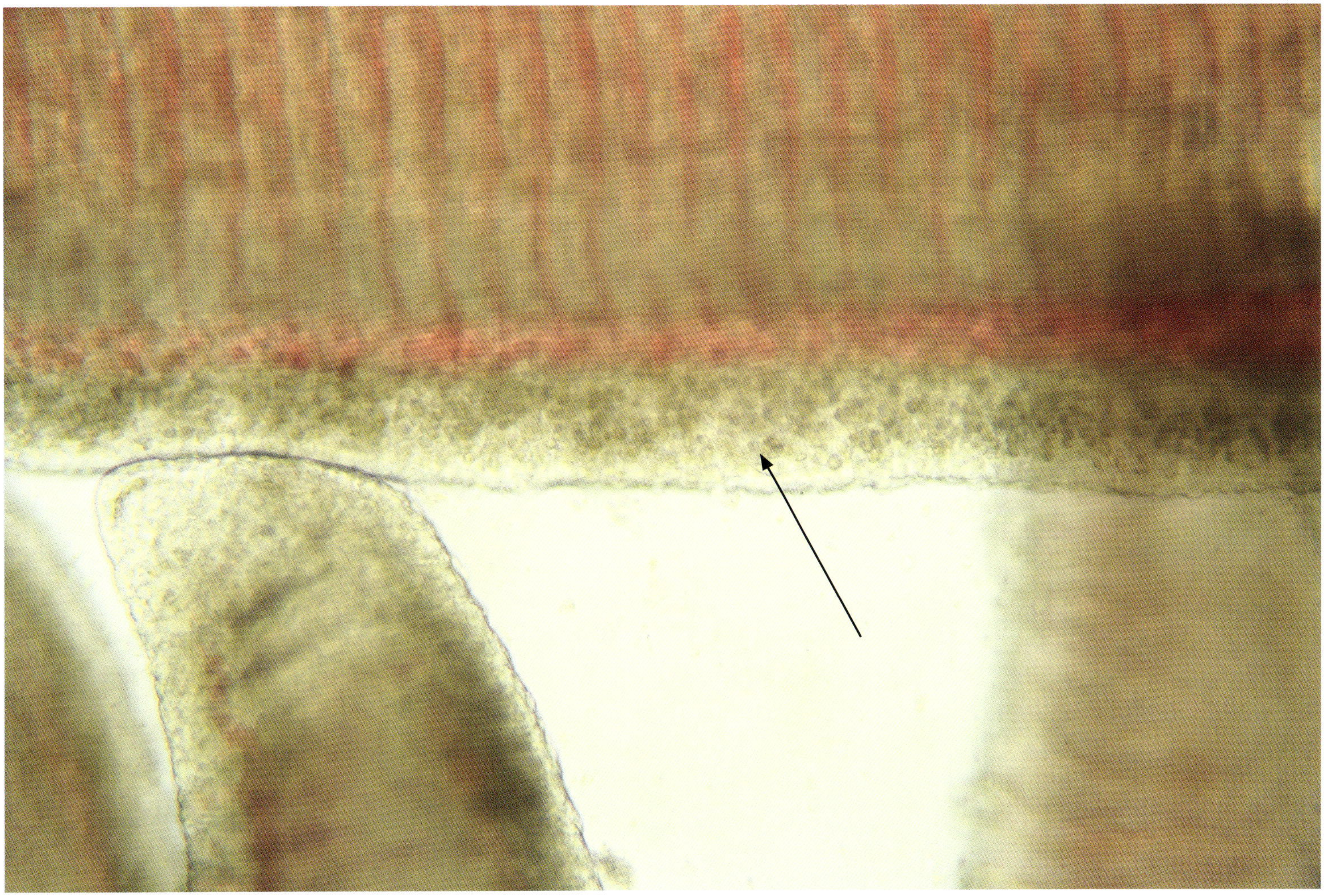

Massenhaft Granulozyten in der Schleimauflagerung; 100-fach vergrößert

Ursachen:

a) Mechanische Reize

Hoher Anteil suspendierter Feststoffe (mineralisch, organisch) im Wasser, z. B. nach starken Regenfällen. Eine häufige Ursache ist Futterabrieb, v. a. bei der Brutaufzucht. In Frage kommen auch hartschalige Algen.

Bachforelle; große Menge von Schwebstoffen (Sedimente) auf den Kiemen nach Unwetter

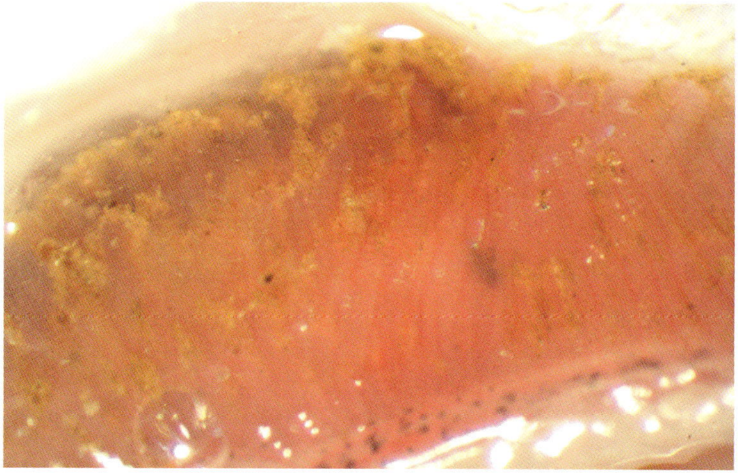

Äsche; Futterstaub auf den stark verschleimten Kiemen; Auflicht, 4-fach vergrößert

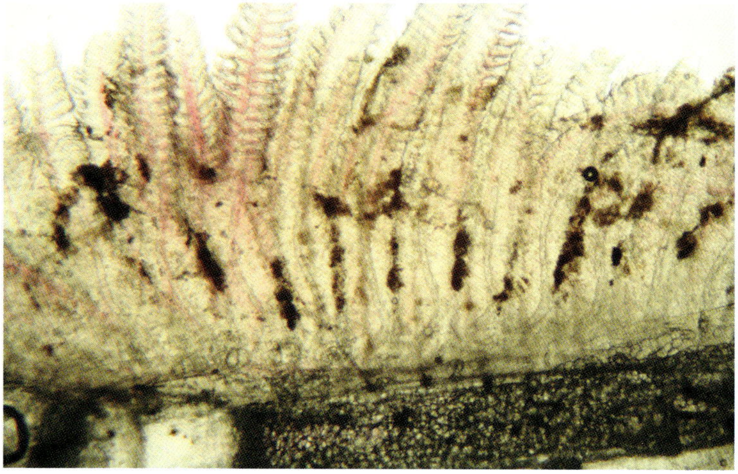

Äsche; dieselben Kiemen im Durchlicht, 25-fach vergrößert

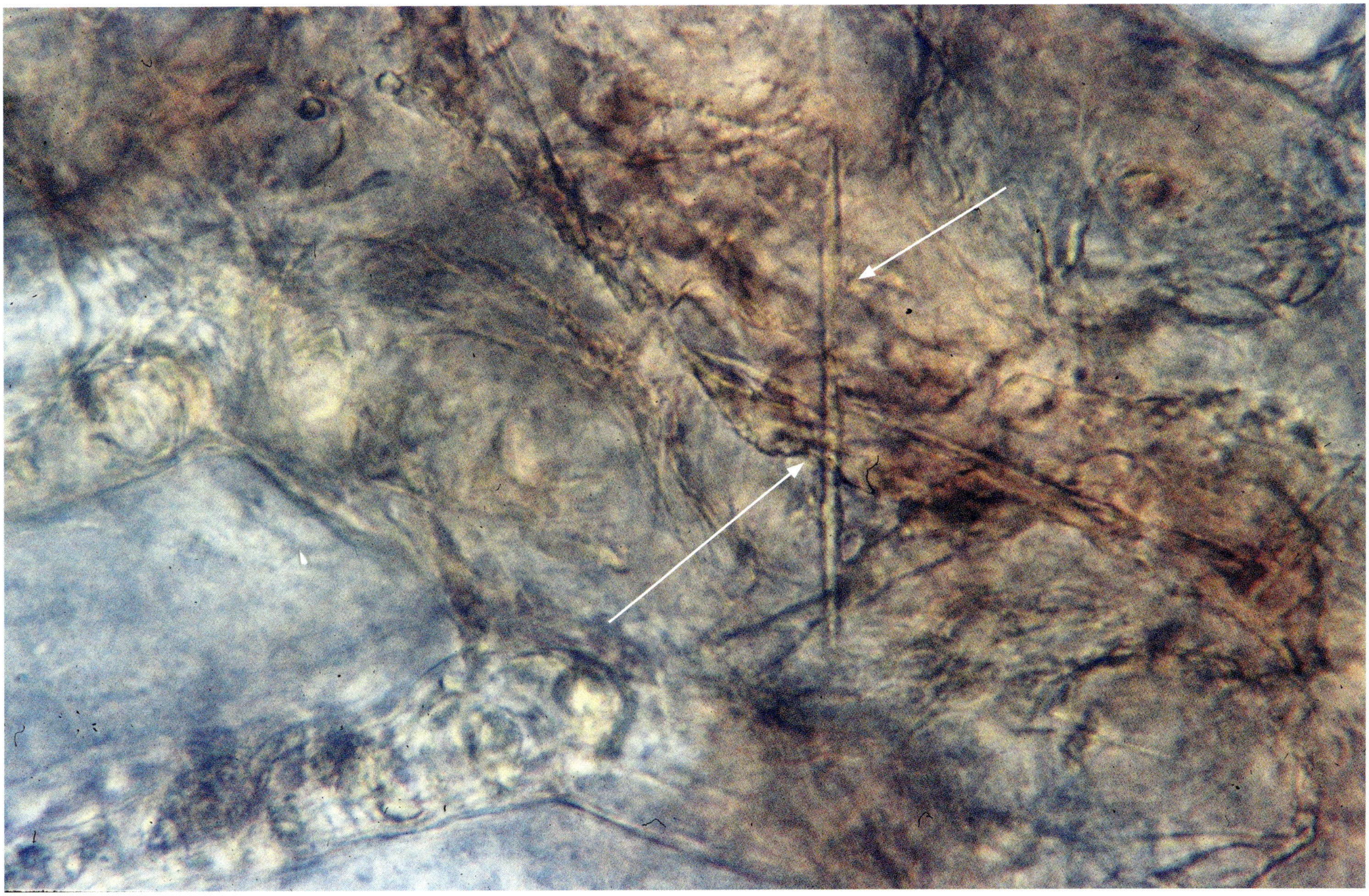

Stör; Kieselalgen; 400-fach vergrößert

b) Chemische Reize

Ammoniak:
Ammoniak (NH_3) ist ein toxisches Endprodukt aus dem Eiweißstoffwechsel, das aus dem Blut über die Kiemen ausgeschieden wird. Bei hohem pH-Wert, hoher Wassertemperatur und hoher Ammoniakkonzentration im Wasser wird dieser Vorgang erschwert und kann zur Autointoxikation oder externen Intoxikation führen.

Als Auslöser kommen in Frage:
- Einleitung ammonium-/ammoniakhältiger Abwässer (siehe Ammoniakvergiftung)
- Eiweißüberangebot infolge einer Überfütterung
- Die sog. „Kiemennekrose der Karpfen": Es handelt sich um eine Faktorenkrankheit, bei der eine Reihe von sich einander gegenseitig beeinflussenden Komponenten zu einer Ammoniakvergiftung und damit zu Kiemenschädigungen führen. Folgende Faktoren spielen eine Rolle: Teichmanagement (Besatzdichte, Fütterung), Klima (Wassertemperatur, Sonneneinstrahlung), Wasserchemismus (pH, organische Belastung, Ammonium-/Ammoniak-Gleichgewicht).

Eisen(III)-hydroxid:
Im Gewässer liegt das chemische Element Eisen als gelöstes Eisen(II)-hydrogencarbonat vor, wenn die Sauerstoffsättigung $< 50\,\%$ beträgt oder der pH-Wert $< 7{,}5$ liegt. Bei höherem Sauerstoffgehalt oder im alkalischen Milieu (pH-Wert $> 7{,}5$) fällt es als Eisen(III)-hydroxid aus und legt sich als sog. Eisenocker auf Strukturen im Wasser (Steine, Pflanzen, u. a.) oder auch auf Fischkiemen und die Oberfläche von Fischeiern. In der Folge kommt es zur Behinderung der Atmung.

c) Erregerbedingt

Viren (z. B. Koi Herpesvirus Krankheit), Bakterien (z. B. Flavobacteriaceen), Pilze (z. B. Kiemenfäule), Parasiten (z. B. Schwächeparasiten, Ichthyophthirius, Ergasilus u. v. a.).

Ammoniak: Regenbogenforelle; durch Ammoniak bedingte Kiemenschwellung und Anämie nach Überfütterung

Ammoniak: „Kiemennekrose der Karpfen"

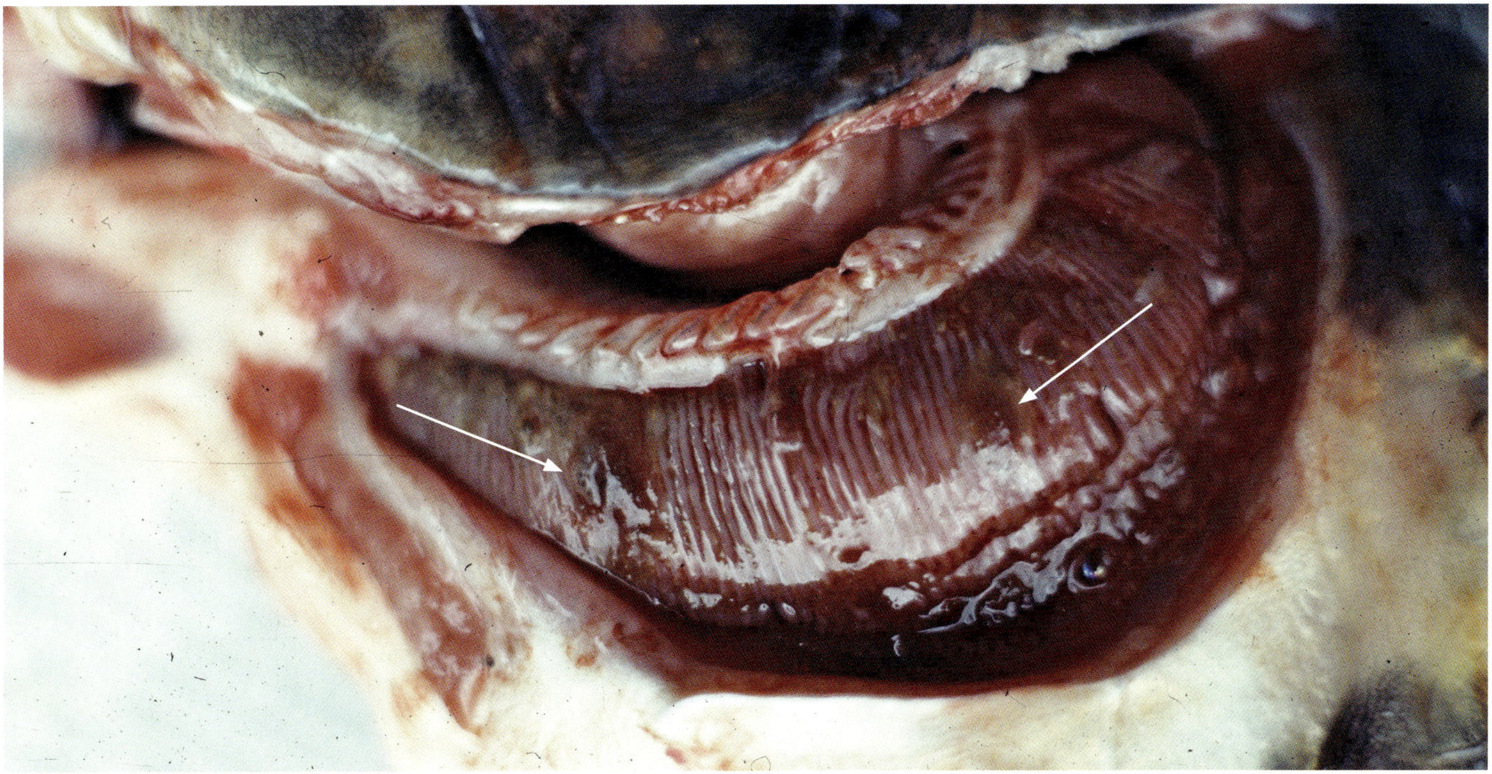

Eisen(III)-Hydroxid: Karpfen; Auflagerung von Eisenocker auf der Oberfläche der Kiemen

Eisen(III)-Hydroxid: Quelle mit Ablagerung von Eisenocker

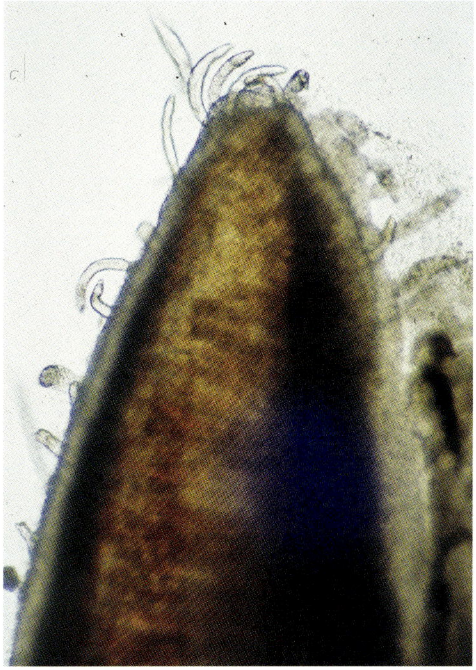

Erregerbedingt: Karpfen; Kiemenschwellung durch Parasiten *(Dactylogyrus* sp.); 25-fach vergrößert

3. Ammoniak-vergiftung

Ursachen: Einleitung ammonium-/ammoniakhältiger Abwässer (z. B. Jauche); eingeschränkte Funktion biologischer Filter; Haltungsfehler während der Eierbrütung.

Symptome: Eine perakute Exposition mit Ammoniak (NH_3) wirkt neurotoxisch; akute Belastungen führen zu Kiemenschäden (siehe Kiemenprobleme) und weiteren Veränderungen, wie von den Autoren beobachtet werden konnte: gelb- bis bronzefarbene Verfärbung der Haut, v. a. im Bereich der Kiemendeckel; Entzündung von Schleimhäuten (z. B. Magenschleimhaut) bei chronischer Einwirkung.
Entzündungen in den Fischeiern bei toxischem NH_3-Milieu während der Erbrütung.

Aitel; Gelb- bzw. Bronzefärbung von Haut und Kiemendeckel

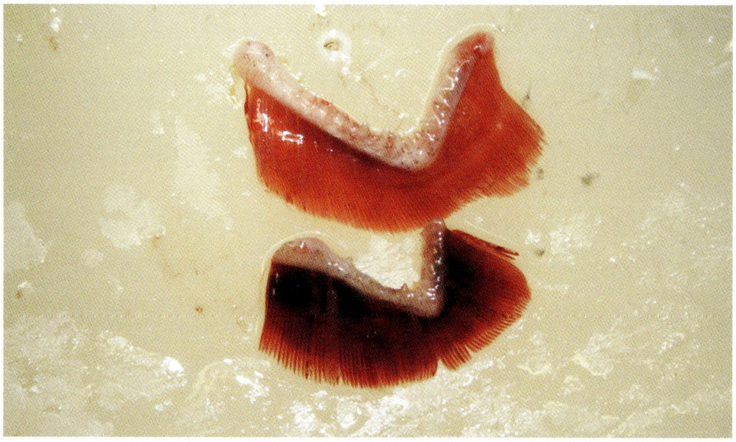

Piraya; Kiemenschädigung aufgrund einer Funktionsstörung des Aquariumfilters

Bachforelle; Gelb- bzw. Bronzefärbung von Haut und Kiemendeckel

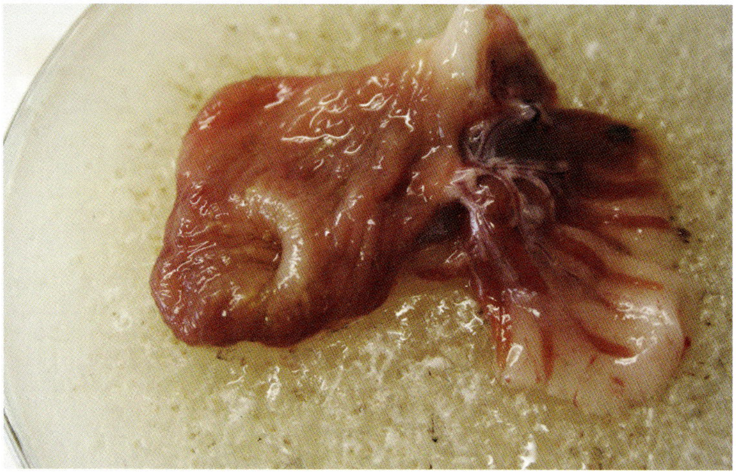

Piraya; Magen eröffnet, Gastritis aufgrund einer Funktionsstörung des Aquariumfilters

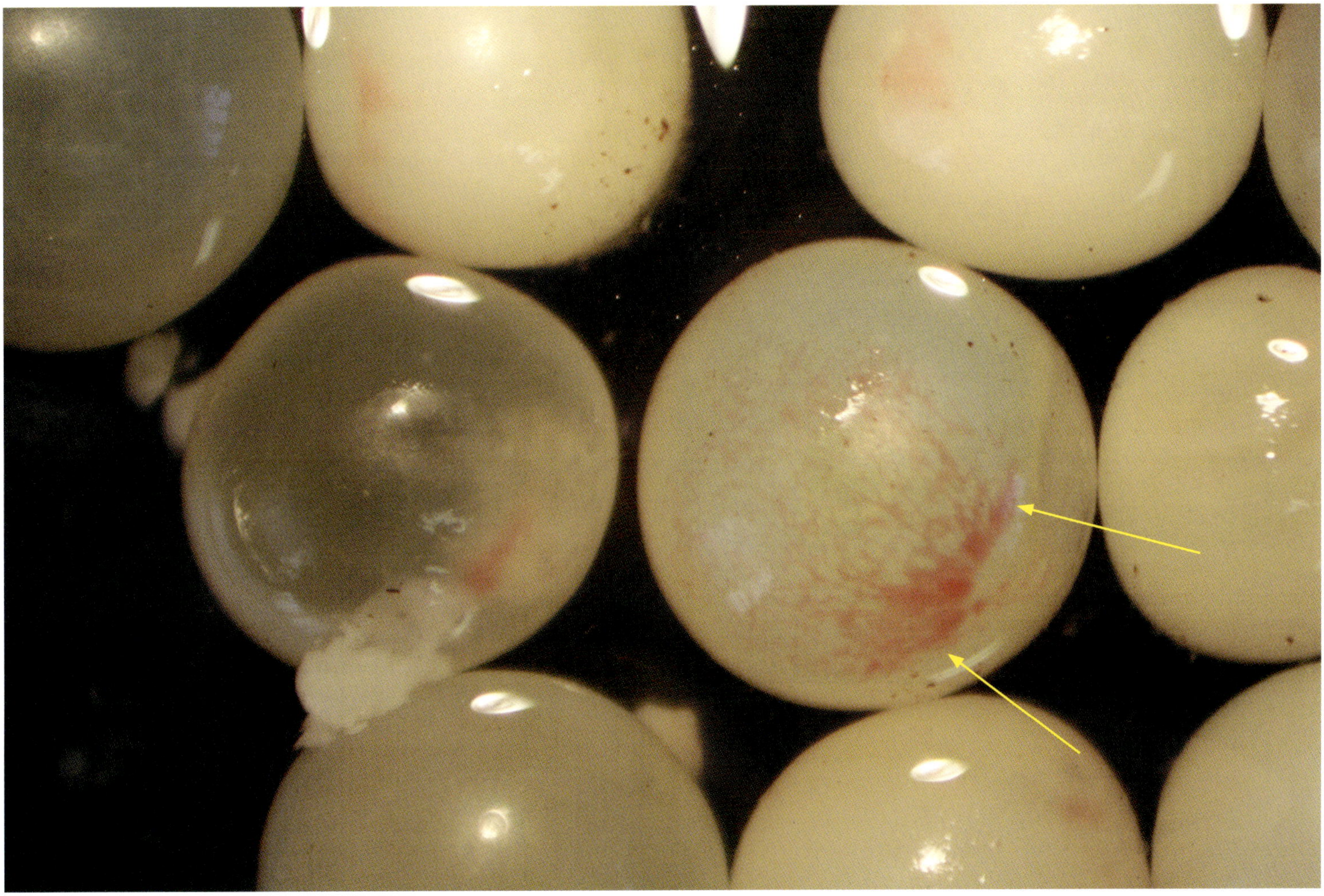

Regenbogenforelle, Eier; Entzündung aufgrund milieubedingt erhöhter NH_3-Konzentration während der Erbrütungsphase

4. Chlorvergiftung

Allgemeines: Chlor ist ein starkes Oxidationsmittel und hochtoxisch für Fische. Es dient als Wirkstoff in Desinfektionsmitteln.

Symptome: Zuerst erhöhte Unruhe, dann Apathie und Tod. Haut und Kiemen aufgehellt, Kiemennekrose. Blutungen in den Augen, Kiemendeckeln und Flossen, Verätzungen im Maulbereich.

HINWEIS: BEIDE ABBILDUNGEN ZEIGEN SCHÄDEN NACH CHLOREINLEITUNG IN DEN VORFLUTER EINES FISCHTEICHES IM ZUGE EINER SCHWIMMBADDESINFEKTION

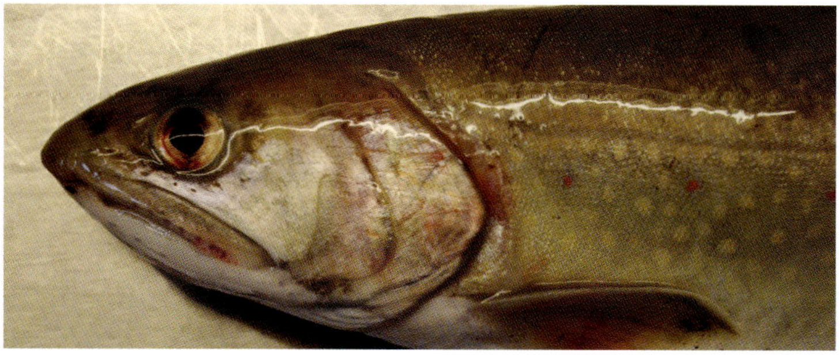

Bachsaibling; Blutungen im Auge, Kopf- und Flossenbereich

Bachforelle; Verätzung im Maulbereich

5. Säure- und Laugenkrankheit

Ursachen bei **Säurekrankheit**: Zu niedriger pH-Wert z. B. in sehr weichen Gewässern oder nach Abwassereinleitung oder als Folge des sauren Regens oder der Schneeschmelze.

Symptome: Springen und Umherschießen; starke Schleimbildung auf Haut und Kiemen; Braunverfärbung der Kiemen; Kiemenblutungen und -nekrosen

Ursachen bei **Laugenkrankheit**: Zu hoher pH-Wert des Wassers nach Abwassereinleitung oder im Zuge der biogenen Entkalkung in Teichen.

Symptome: Haut-, Flossen- und Kiemenschäden durch Verätzung

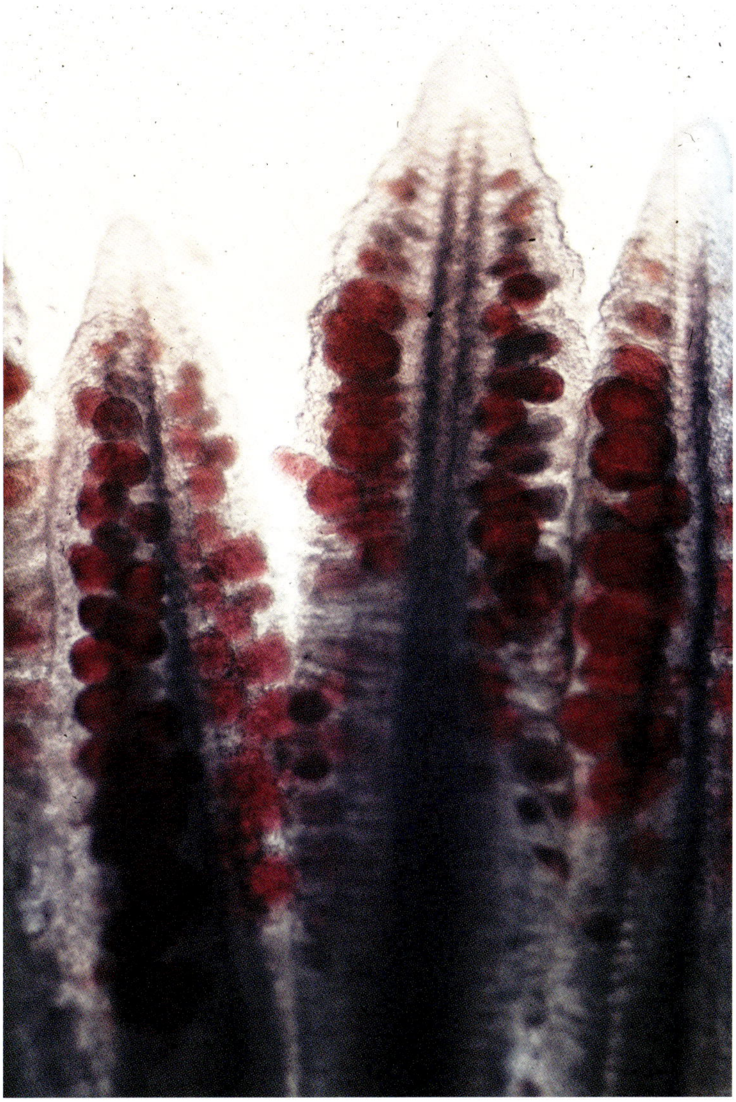

Säurekrankheit, Bachforelle; Aufweitung der Blutgefäße in den Kiemen; 40-fach vergrößert

Laugenkrankheit, Bachforelle; Kiemenverätzung

6. Gasblasenkrankheit

Allgemeines: In der Aquakultur und Aquaristik weitverbreitete und ernst zu nehmende Erkrankung, die durch eine absolute oder relative Gesamtgasübersättigung (N_2, O_2, CO_2) des Wassers ausgelöst wird.

Ursächliche Faktoren: Ansaugen von Luft unter Druck in Rohrleitungen (Lecks); Belüftung unter Druck mit tiefgelegenen, feinporigen Ausströmern oder Düsen; gasübersättigte Quellen oder Grundwässer; rasche Erwärmung des Wassers (z. B. Wärmetauscher); Umsetzen von Fischen in höher temperierte Teiche ohne Anpassungszeit (relative Übersättigung); hohe Sauerstoffproduktion im Rahmen der Assimilation bei gleichzeitiger Erwärmung des Teichwassers, v. a. in flachen Teichen.

Symptome:

a) Akute Form mit hoher Mortalität bei Sättigungen von > 110 %: Unruhe (Umherschießen, Springen); Atemnot; Gasbläschen unter der Haut, in den Augen, im Gaumenbereich, im Bauchfell, in den Blutgefäßen (Gasembolien, Blutaustritt); Exophthalmus meist einseitig (auch Augenverlust); Schwimmblasentympanie.

b) Chronische Form bei Sättigungen von 101 % bis 103 %: unspezifische Symptomatik; reduzierte Abwehrkraft gegenüber Infektionskrankheiten; vermindertes Wachstum.

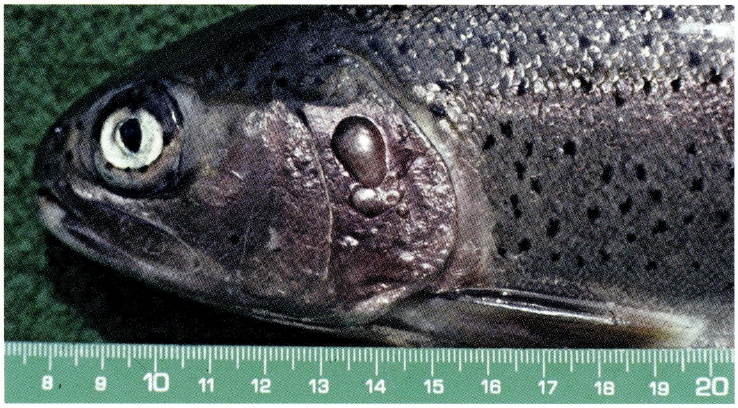

Regenbogenforelle; Gasbläschen unter der Haut des Kiemendeckels

Regenbogenforelle; Exophthalmus einseitig

Regenbogenforelle; Gasbläschen in der Schwanzflosse

Regenbogenforelle, Brütlinge; mit gasgefülltem Dottersack

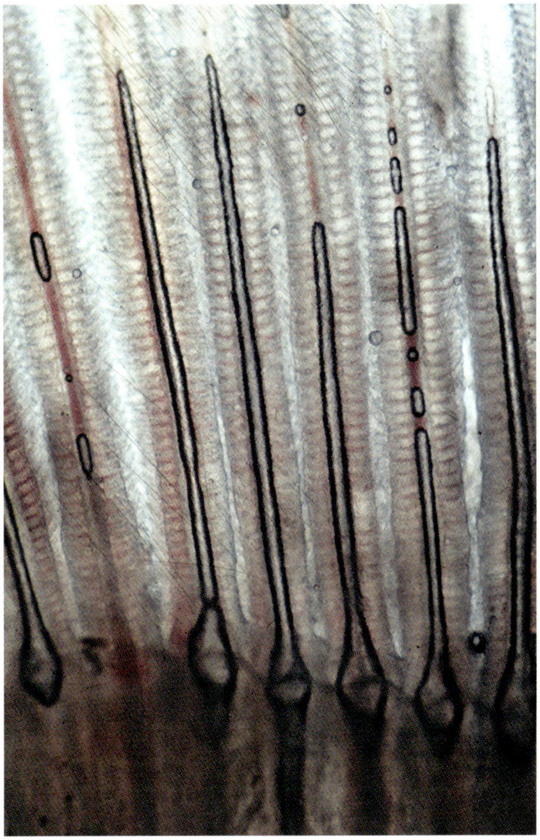

Regenbogenforelle; Gasembolien in den Kiemengefäßen; 40-fach vergrößert

Schleie; Gasbläschen in den Flossen

Coregonen, Brütlinge; mit gasgefülltem Dottersack

7. Dotterblasenwassersucht & Weißfleckenkrankheit

Ursachen: Ungeeignete Haltungsbedingungen während der Erbrütung bzw. der Dottersackphase von Salmoniden, wie z. B. Sauerstoffmangel, Temperaturschwankungen, zu hohe Besatzdichte, schlechte Strömungsverhältnisse, unsachgemäße Manipulation, Fehler beim Einsatz von Desinfektionsmitteln. Bei der Weißfleckenkrankheit ist die Ätiologie oft nicht geklärt, weist aber auf ungeeignete Haltungsbedingungen hin.

Symptome:

a) **Bei der Dotterblasenwassersucht:** Ansammlung von seröser Flüssigkeit zwischen der Dottersackhülle und dem eigentlichen Dotter.

b) **Bei der Weißfleckenkrankheit:** Eiweißgerinnung, die sich als weißer Fleck in den Eiern oder im Dottersack manifestiert.

Dotterblasenwassersucht: Seesaibling, Brütlinge; Ansammlung von bläulicher Flüssigkeit im Dottersack (blue sac disease)

Dotterblasenwassersucht: Regenbogenforelle, Brütlinge; Ansammlung von Flüssigkeit im Dottersack

Weißfleckenkrankheit: Bachforelle, Brütling; Eiweißkoagulation kompakt im Dottersack

Weißfleckenkrankheit: Bachsaibling, Brütlinge; Eiweißkoagulation diffus unter der Dottersackhülle Foto: © Wolfgang Hauer

Weißfleckenkrankheit: Bachsaibling, Dottersackbrut Foto: © Monika Gapp

8. Nephro-kalzinose

Allgemeines: Ablagerung von Kalziumsalzen in der Niere von Salmoniden; v. a. bei Regenbogenforellen in Intensivhaltung.

Ursachen: Multifaktoriell; Folge einer respiratorischen Azidose (Übersäuerung des Blutes durch Einschränkung der Abatmung von Kohlendioxid bei Überschuss von Kohlendioxid im Wasser) bei gleichzeitig hohem Sauerstoffgehalt.

Symptome: weiße, harte Knötchen im harnableitenden System (Nierentubuli, Harnleiter)

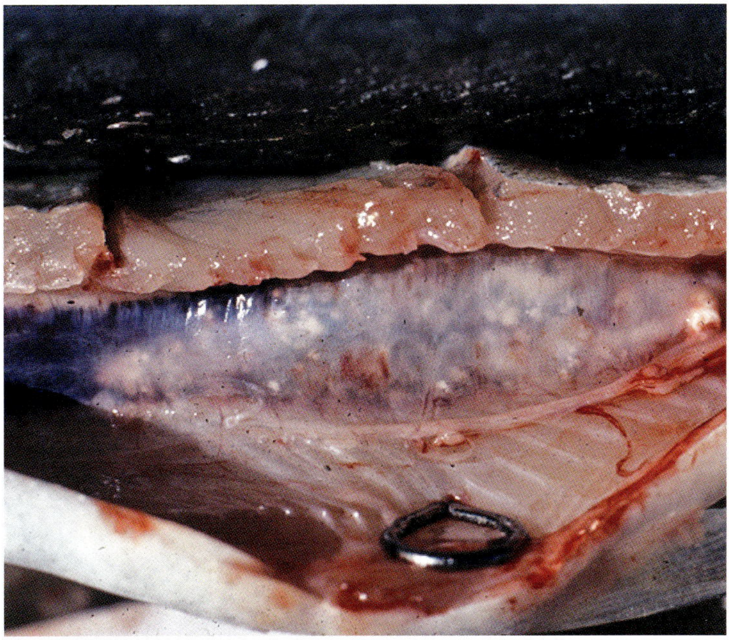

Regenbogenforelle; Nierenschwellung und Einlagerung von Kalziumsalzen

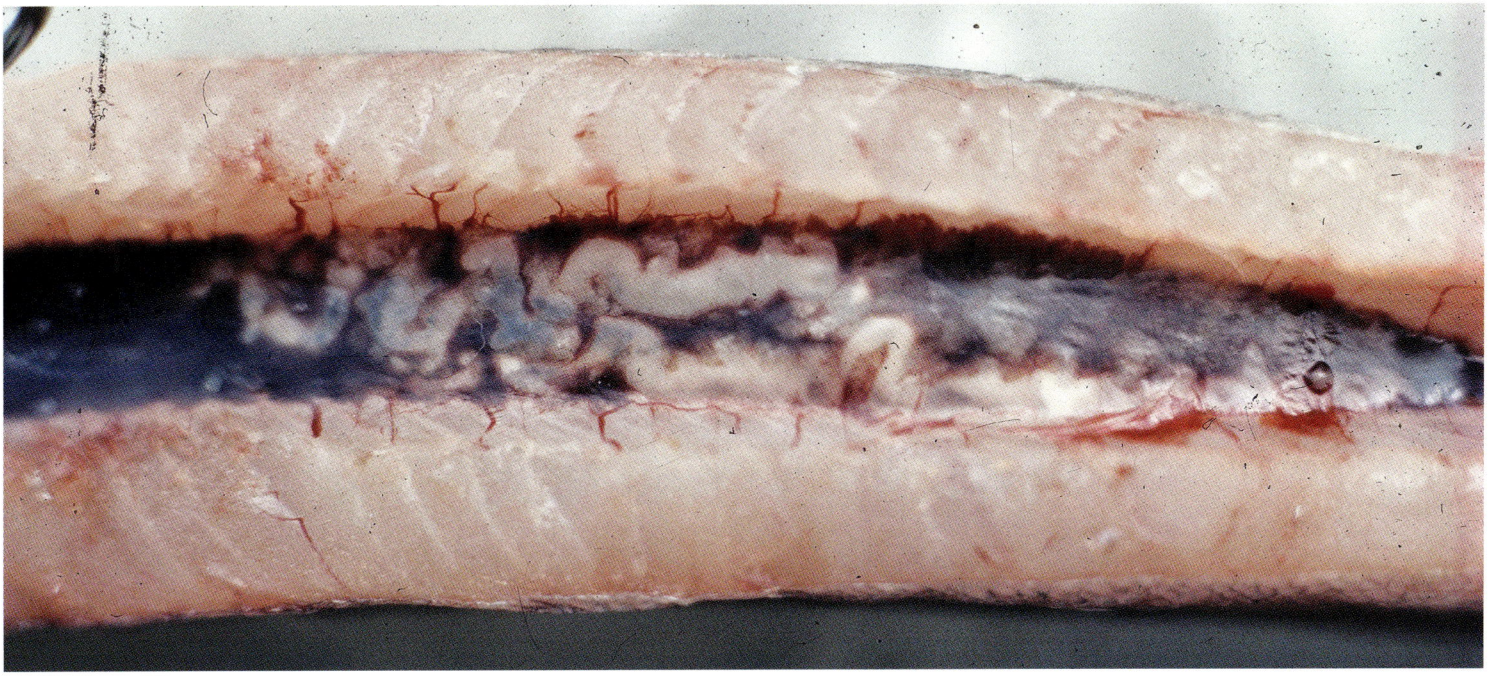

Regenbogenforelle; Einlagerungen von Kalziumsalzen in der Niere

TUMORE UND TUMOR-ÄHNLICHE KRANKHEITS-BILDER

Osteom bei einem Hecht; histologischer Schnitt; Trichromfärbung nach Ladewig; mineralisierter Knochen = blau, nicht mineralisiertes Knochengewebe (Osteoid) = orange-roter Saum um die Knochenlamelle, hellblau = knorpelähnliche Substanz

Foto: © Klemens Alton

Tumore

Beispiele

OSTEOM (GUTARTIGER KNOCHEN-TUMOR) BEIM HECHT

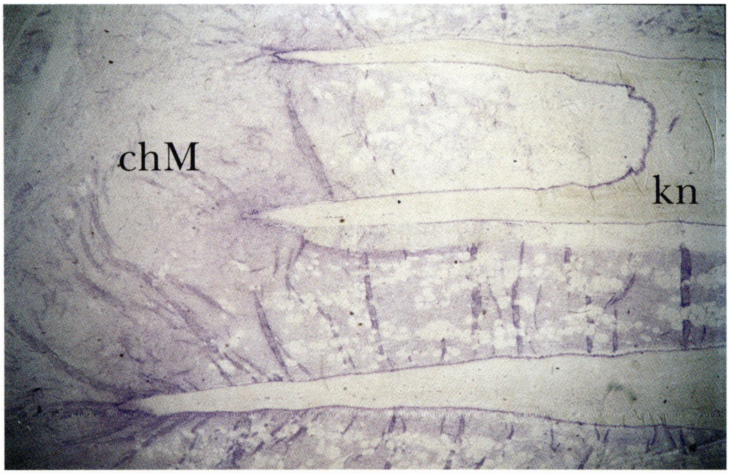

Histologischer Schnitt, Trichromfärbung nach Ladewig, Knochengewebe (kn), knorpeliges Gewebe (chM = chondroide Matrix) Foto: © Klemens Alton

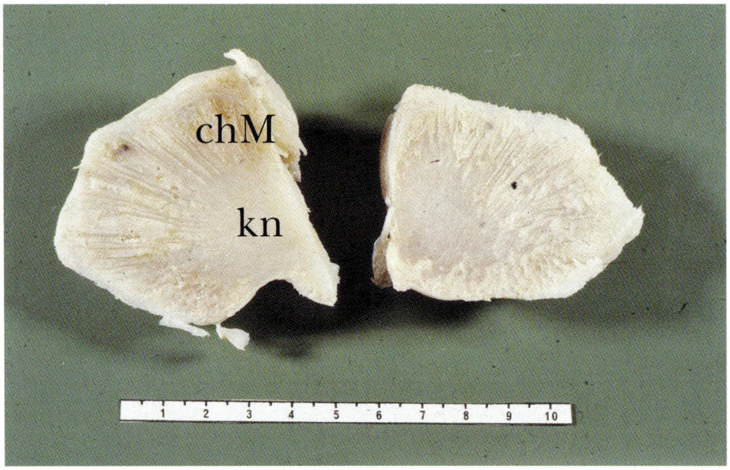

Schnittfläche des Tumors; Knochengewebe (kn) mit strahlenförmigen Knochenzacken, knorpeliges Gewebe (chM = chondroide Matrix) Foto: © Klemens Alton

Osteom (Knochentumor) am Unterkiefer eines Hechtes

LEBER: TUMORÄHNLICHE VERÄNDERUNGEN BEI VERSCHIEDENEN FISCHARTEN

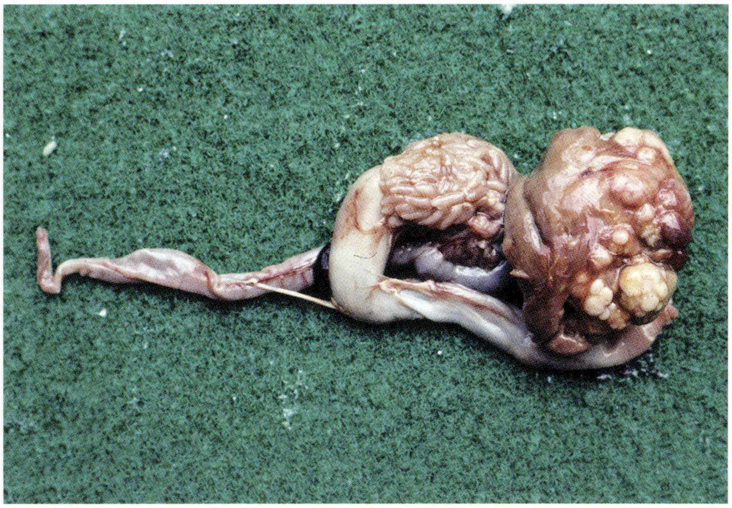

Maräne

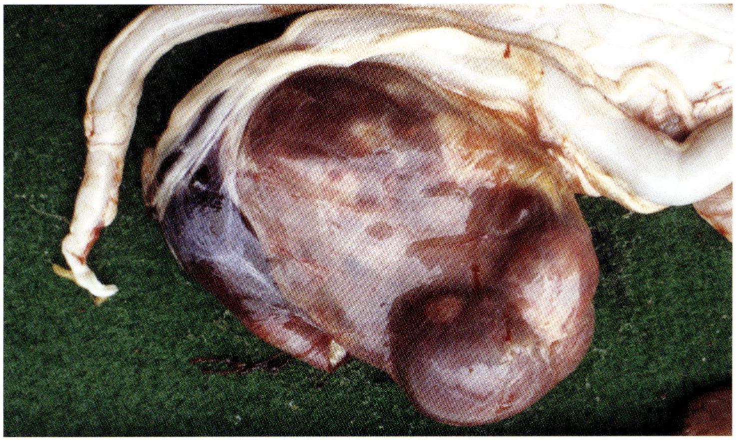

Hecht

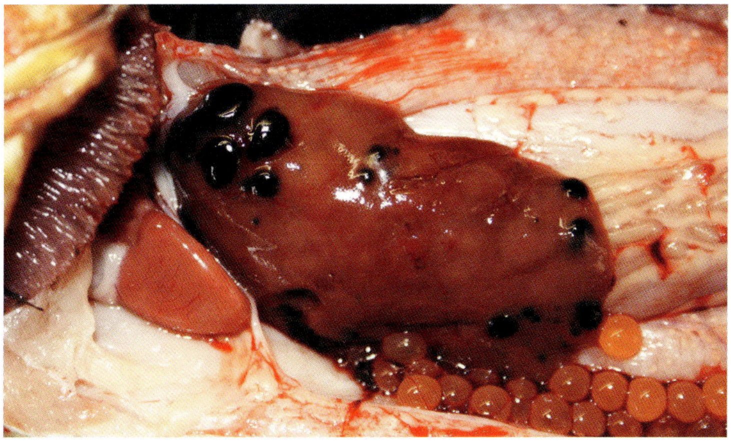

Seeforelle; schwarze, knotige Veränderungen in der Leber

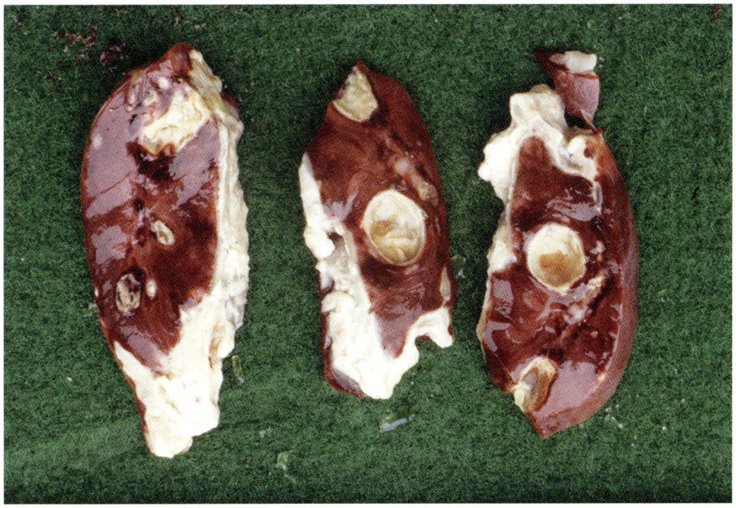

Hecht; Tumoranschnitt

Aalrutte; gesunde Leber, die helle Farbe ist physiologisch

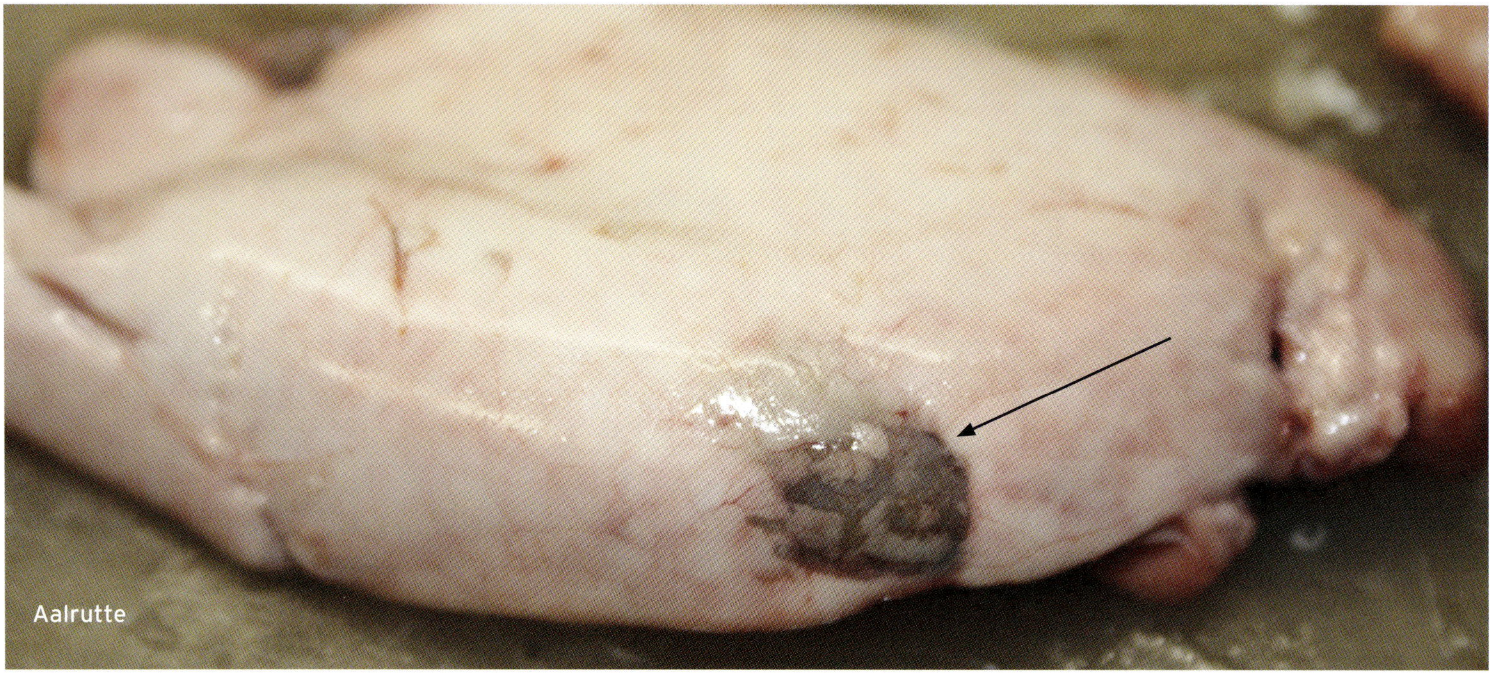

Aalrutte; derselbe Tumor im Anschnitt

Äsche; knotige Veränderungen in Leber (le), Magenwand (ma) und Niere (ni); Milz (mi)

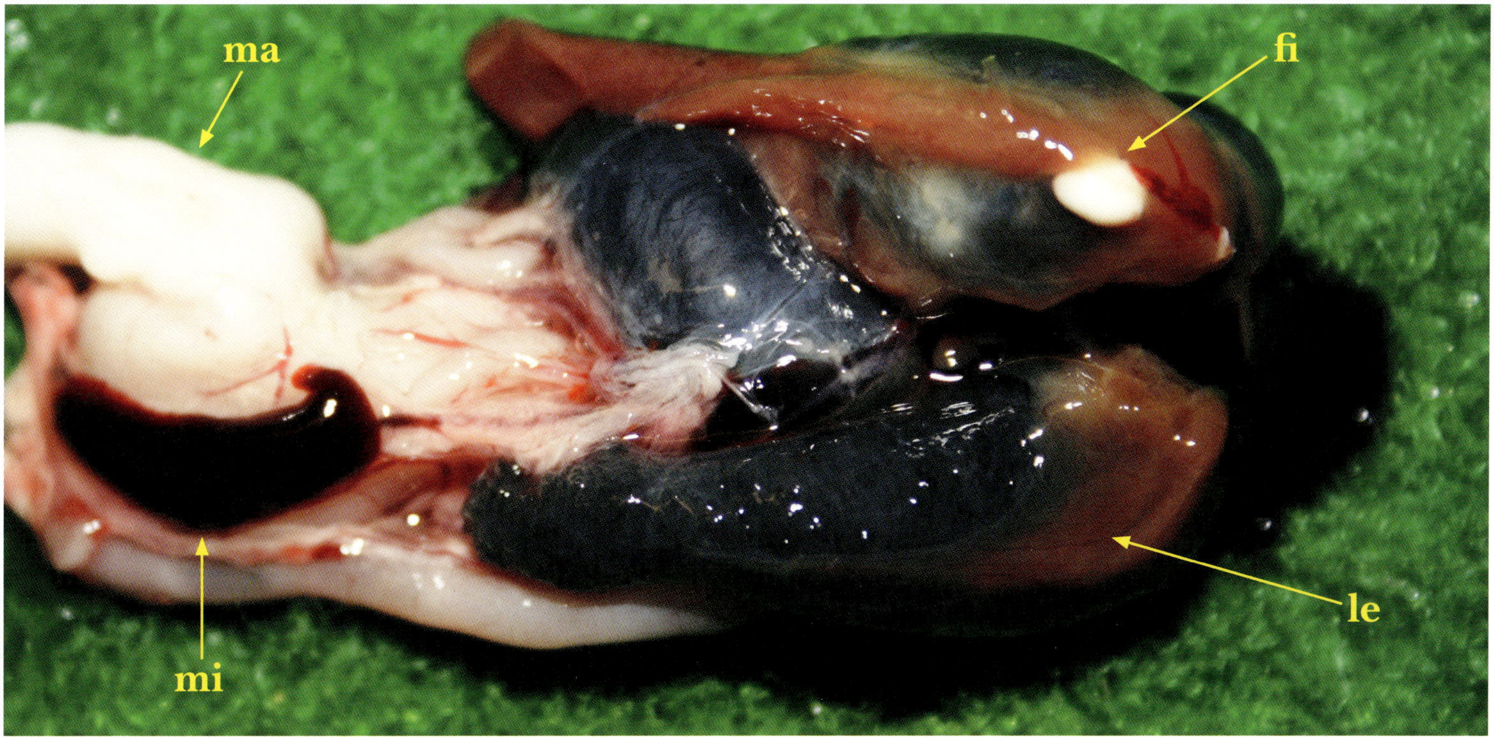

Äsche; Unterseite derselben Leber (le); Finne (fi) von einem Hechtbandwurm; Milz (mi), Magen (ma)

MAGENWANDTUMOR BEI EINER BACHFORELLE

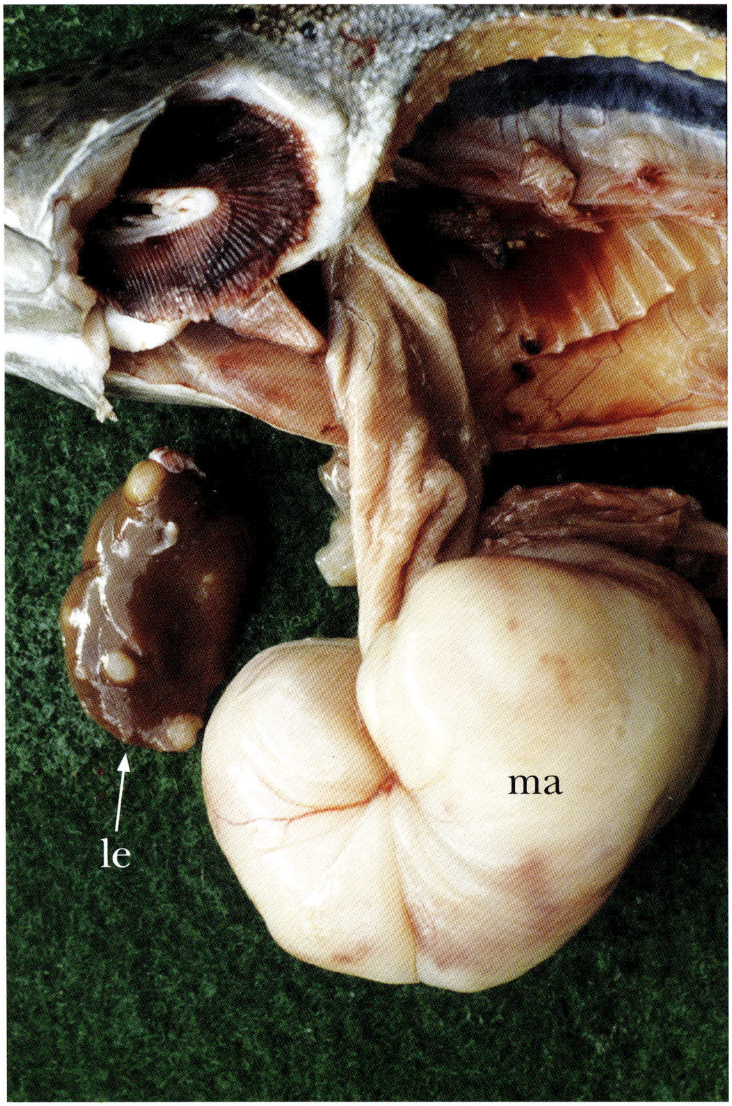

Bachforelle; massiver Magenwandtumor (ma), weiße, knotige Veränderungen in der Leber (le)

HODEN: TUMORÄHNLICHE VERÄNDERUNG BEI EINER AALRUTTE

Aalrutte; tumorähnliche Wucherungen in den Hoden, rechts physiologisch unverdächtige Hoden

Papillome

Beispiele

Barbe; Papillom über dem Auge

Karpfen; Papillome auf der Rückenflosse

Rotauge; Papillome auf der Schwanzflosse

Stomatopapillomatose

Blumenkohlkrankheit der Aale

Allgemeines: In der Regel gutartige Tumorerkrankung bei Aalen in Freigewässern (Süß- und Salzwasser); möglicherweise virusbedingt.

Symptome: Karfiol-ähnliche Epithelwucherungen (Papillome) v. a. im Maulbereich, Abmagerung und Verhungern durch Behinderung der Nahrungsaufnahme.

Blumenkohlkrankheit beim Aal

MISS-
BILDUNGEN
UND VER-
LETZUNGEN

Karpfenteiche sind ein beliebtes Jagdrevier für Prädatoren wie Graureiher und Fischotter.

1. Miss-bildungen

Abnorme anatomische Veränderungen von Körperabschnitten oder Organen.

Entstehung:

a) während der Embryonalentwicklung;
b) nach lokalen Entzündungen (z. B. Kiemendeckelverkürzung);
c) aufgrund von Vitaminmangel (Vitamin A, C; z. B. Wirbelsäulendeformationen);
d) durch Einwirkung von elektrischem Strom;
e) infektiöse Ätiologie (z. B. Drehkrankheit).

KIEMENDECKEL-VERKÜRZUNG

Karpfen

Äsche

Regenbogenforelle

Bachforelle Foto: © Gerhard Käfel

Bachforelle; sog. Mopskopf, grünes Markierungszeichen hinter dem Auge Foto: © Gerhard Käfel

WIRBELSÄULENDEFORMATION

Bachsaibling

Regenbogenforelle

Regenbogenforellen

Äsche

Goldorfe

2. Verletzungen

Ursachen:

a) Mechanische Ursachen (z. B. Haltung, Turbinen)
Haltung: z. B. raue Oberflächen in den Haltungseinheiten, scharfkantige Vorsprünge, unsachgemäße Handhabung (z. B. Keschern, Sortieren)

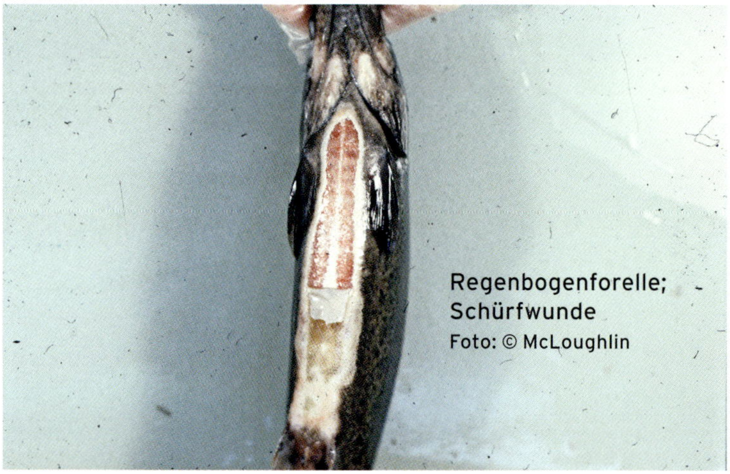

Regenbogenforelle; Schürfwunde
Foto: © McLoughlin

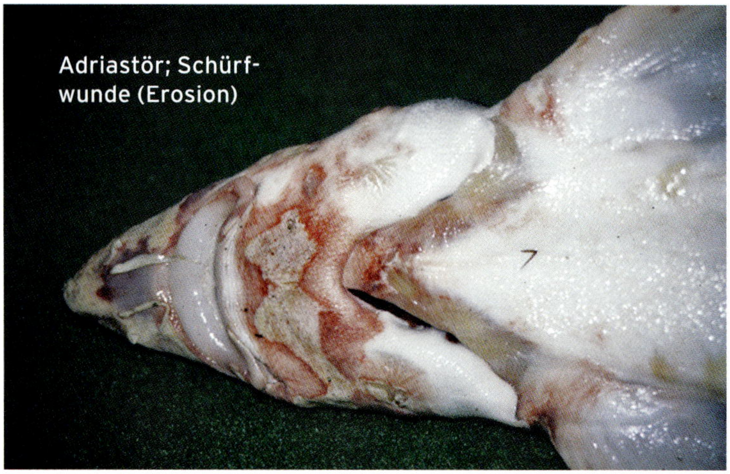

Adriastör; Schürfwunde (Erosion)

Bachforelle; Schnittwunde, Schwarzfärbung (unphysiologische Verteilung der Pigmente in den Melanophoren)

Hausen; Wunde auf der Schwanzflosse

Aal, Regenbogenforelle; Verletzungen durch Turbinen

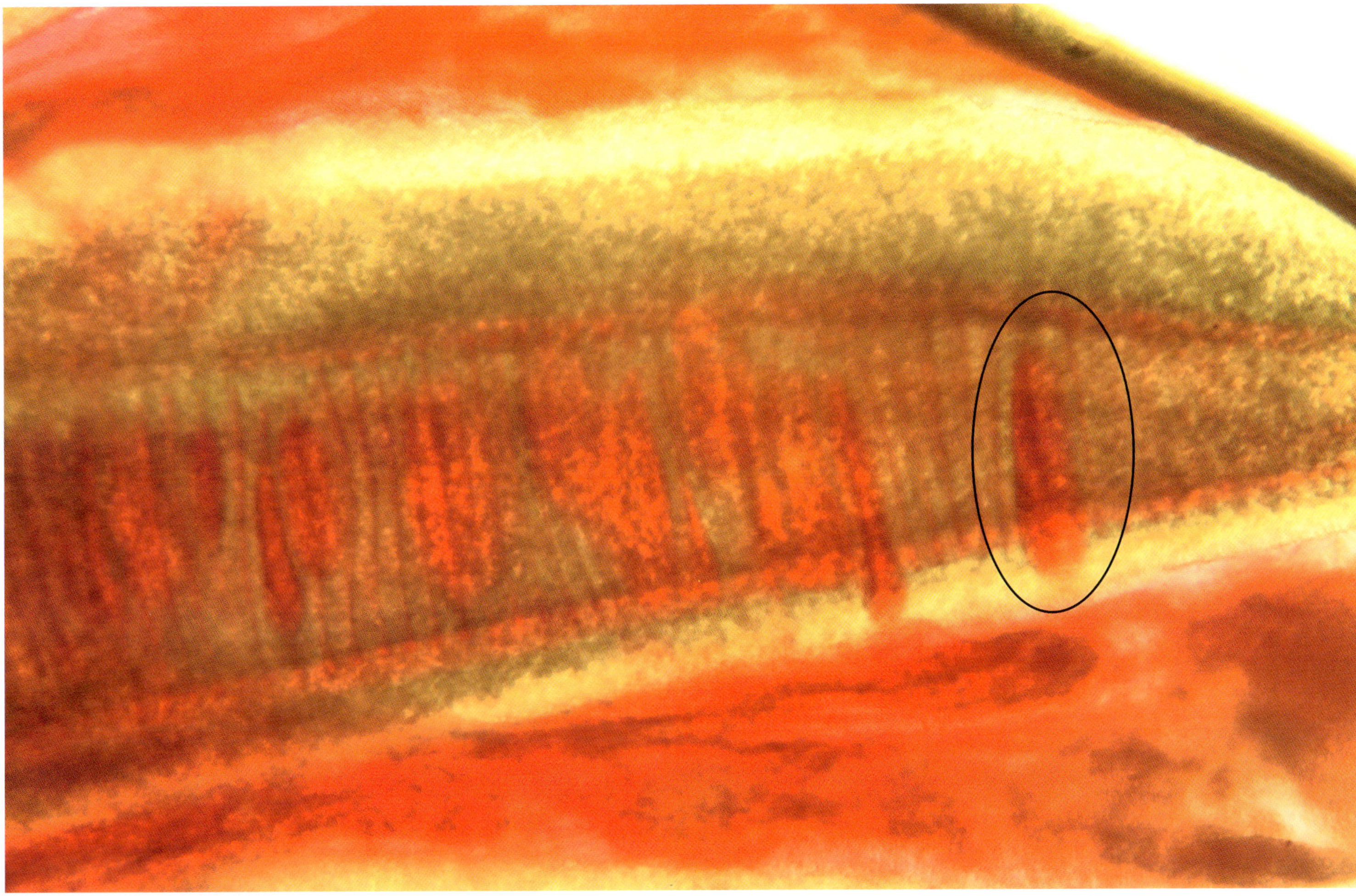

Karpfen; Blutungen in den Kiemen nach Kopfschlag; 100-fach vergrößert

b) Tiere (Prädatoren, Kannibalismus)
Tiere: z. B. Schnabelhiebe, Bisswunden.
Kannibalismus: Fressen von Artgenossen bzw. gegenseitiges Zufügen von Verletzungen. Bei Raubfischen weit verbreitet, ausgelöst durch Fütterungsfehler, zu starkes Auseinanderwachsen, fischartenspezifisch falsche Besatzdichten.

Graureiher (Fischreiher)

Äsche; Schnabelhiebverletzungen durch Graureiher
Foto: © Siegfried Gruber

Äsche; Detailaufnahme Foto: © Siegfried Gruber

Äsche; Detailaufnahme Foto: © Siegfried Gruber

Regenbogenforelle; Schnabelhiebverletzung durch Graureiher

Äsche, laichreif; perforierende Verletzung durch einen Kormoran mit Austritt von Eimaterial

Bachforelle; oberflächliche Verletzungen durch Wasseramseln

Brachse; Verletzung unbekannter Genese unterhalb der Rückenflosse, möglicherweise durch Vogelschnabel; Schwarzfleckenkrankheit

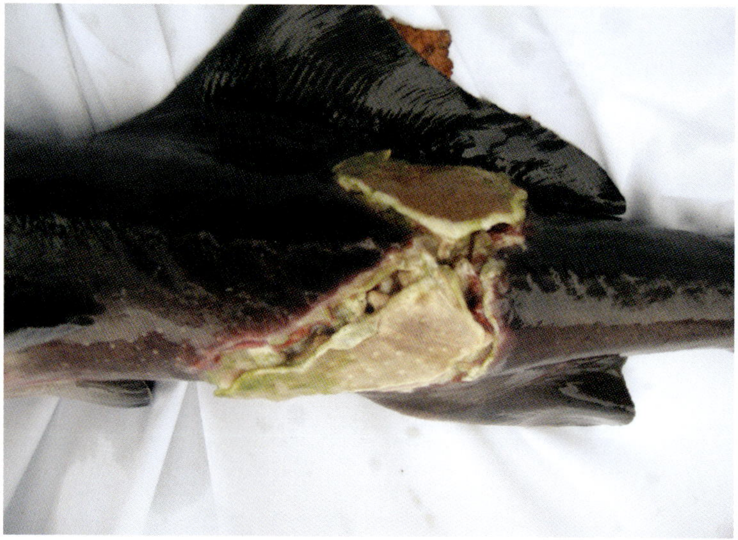

Stör; ältere nekrotisierende Wunde, möglicherweise Bisswunde

Perlfisch; postmortale Schädigung durch Krähen

Karpfen; Fraßbild eines Fischotters Foto: © Günter Gratzl

Bachsaibling; Bissverletzung durch Aal

Seesaibling; Verletzungen durch Kannibalismus

Fischotter mit Beute Foto: © Florian Kainz

Äsche; Schädigungen durch Kannibalismus

c) Chemische Ursachen (z. B. Verätzungen)

d) Strahlungsbedingte und thermische Ursachen (z. B. Sonnenbrand → Abbildung siehe Seite 158)

e) Stromschäden: Elektrofischerei (unsachgemäße Handhabung), Betäubungsmethoden, Blitzschlag, Fehlströme in Aquakulturanlagen (z. B. Wirbelsäulenfrakturen).

Bachforelle; Verätzungen nach Chlorvergiftung (siehe Seite 130)

Regenbogenforelle; Strommale im Zuge der Elektrofischerei

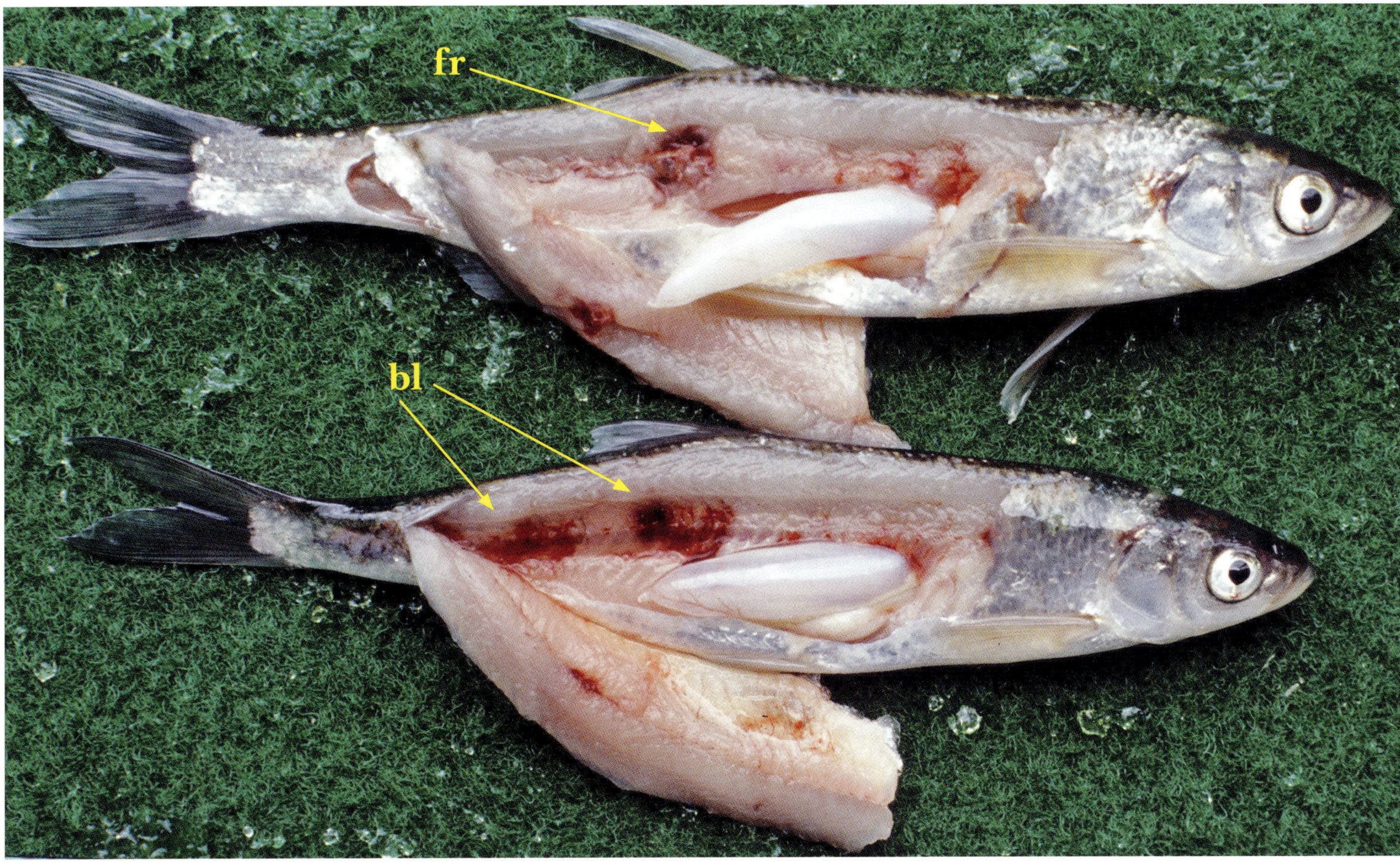

Seelaube; Blutungen (bl) und Fraktur (fr) im Bereich der Wirbelsäule nach unsachgemäßer Abfischung mittels Elektroaggregat

Regenbogenforelle, blaue Farbvariante

WEITERE KRANKHEITS-BILDER

Weitere Krankheitsbilder

1. SONNENBRAND-SYNDROM

Die Epidermis der Fische enthält keine Pigmentzellen (Chromatophoren), daher ist sie der UV-Strahlung schutzlos ausgesetzt. Besonders betroffen sind Salmoniden bzw. Fischarten aus tiefen oder trüben Gewässern (z. B. Zander, Koi), wenn sie sich im klaren Flachwasser aufhalten; auch medikamenteninduzierte Photosensibilität nach Einsatz von bestimmten Antibiotika kommt in Frage. In der Folge Besiedelung der geschädigten Hautareale mit Bakterien und Pilzen.

Sonnenbrand-Syndrom: Regenbogenforelle; raue Haut durch Verlust der Schleimschicht (Sandpapiereffekt), z. T. Schuppenverlust

2. SCHWARZES-BACHFORELLEN-SYNDROM

Weitgehend ungeklärte Genese; diskutiert werden verschiedene Ursachen, möglicherweise multifaktoriell: ungünstige Umweltbedingungen (Niedrigwasser, Temperatur, UV-Licht), Wasserinhaltsstoffe (Belastung mit chemischen Verbindungen aus Abwässern), Herkunft des Fischbesatzes, Immunsuppression, virale oder bakterielle Ursachen. Auch *Tetracapsuloides bryosalmonae* als Erreger wird nicht ausgeschlossen.

Auftreten: Kann hauptsächlich im Spätsommer und Frühherbst in Voralpenflüssen (Schweiz, Bayern, Österreich) auftreten und verlustreich verlaufen. Aus Aquakulturanlagen sind keine Fälle bekannt.

Symptome: Dunkelfärbung, Lethargie; Erscheinungsbild einer Septikämie; Milzschwellung; Nierenveränderungen; hämatologische Veränderungen (Verringerung der Erythrozyten- und Leukozytenzahl im Blut)

Schwarzes-Bachforellen-Syndrom: Dunkelfärbung, geringgradige Linsentrübung Foto: © Reinhard Haunschmid

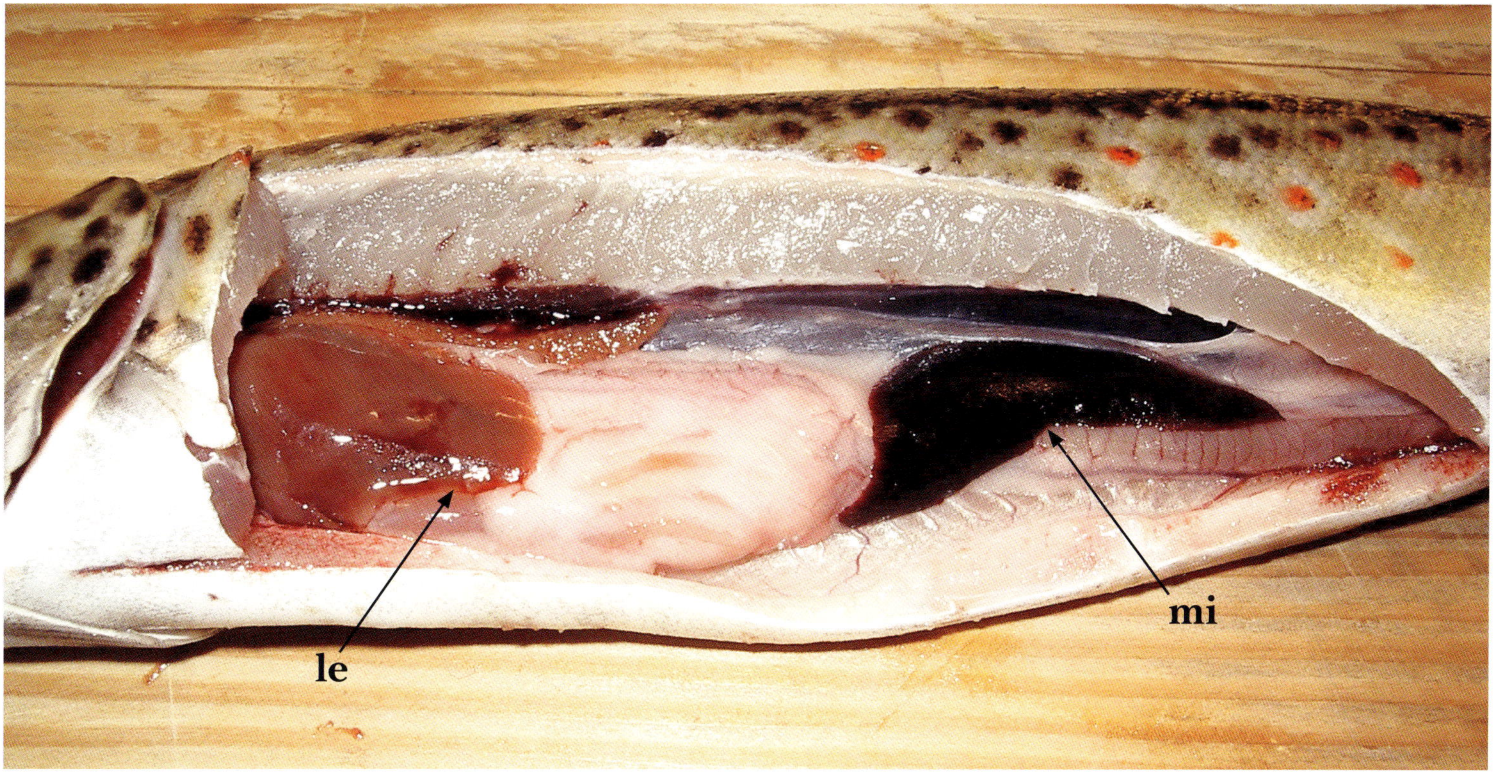

Schwarzes-Bachforellen-Syndrom: Dunkelfärbung, hochgradige Milzschwellung (mi), Leber aufgehellt Foto: © Reinhard Haunschmid

3. LAICHPROBLEME

Als Laichverhalten bezeichnet man die Unfähigkeit der Rogner zum Ablaichen; i. d. R. wird nicht abgelaichter Rogen zurückgebildet und resorbiert. Wird der Rogen ungenügend resorbiert, kann es zur Laichverhärtung (Laichstau) mit gesundheitlicher Beeinträchtigung (Kiemenschwellung, Leberentzündung) kommen, die mitunter auch zum Tod führen kann.

Ursachen: Fehlen des geeigneten Laichsubstrats, ungeeignete Wassertemperatur, fehlende Geschlechtspartner

Koi; Laichstau

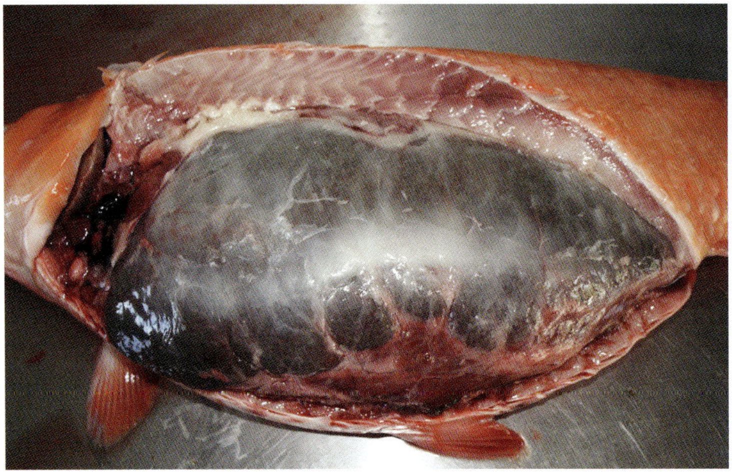

Koi; Laichstau, hochgradig getrübte Ovarhülle

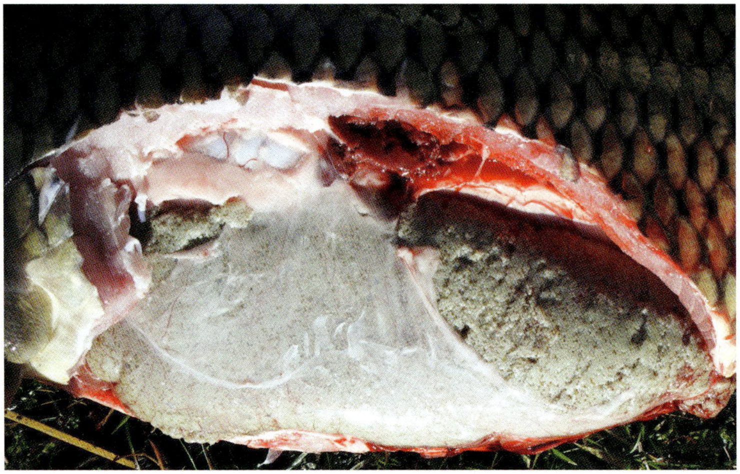

Karpfen; Laichstau, transparente Ovarhülle eröffnet

Bitterling; hochgradige Umfangsvermehrung durch Laichstau, Entzündung der Afterregion mit Vorwölbung der Afterpapille (Pfeil)

Derselbe Bitterling mit eröffneter Leibeshöhle

Aalrutte; Laichstau mit herdförmigen Verhärtungen (Pfeil)

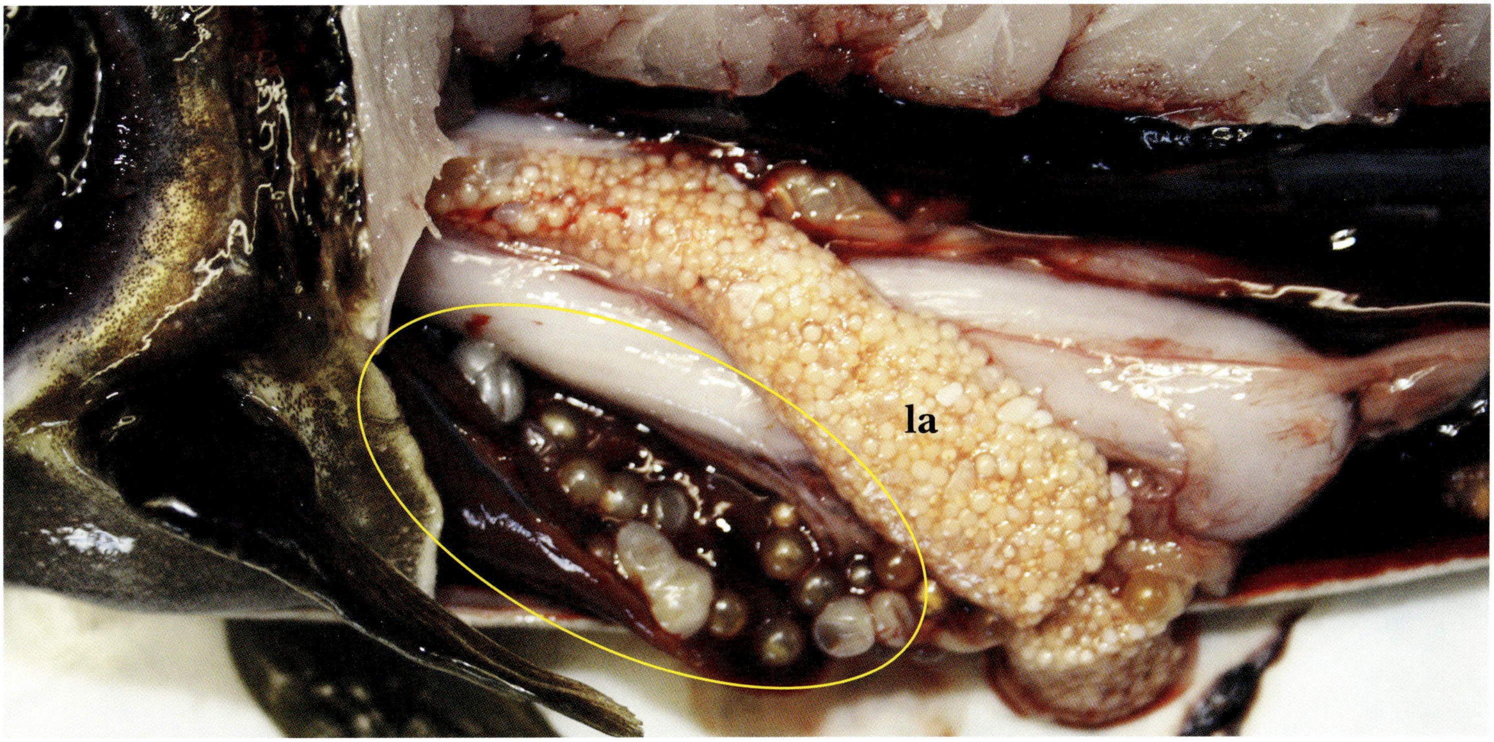

Bachforelle; nicht resorbierter Laich (la), durch Eier ausgelöste Druckatrophie im Lebergewebe (Ellipse)

4. FLOSSENSCHÄDEN

Das Auftreten von Flossenschäden kann vielfältige Ursachen haben, z. B. zu hohe Bestandsdichte, Fütterungsfehler, Verletzungen (z. B. Kannibalismus, Aggression der Milchner zur Laichzeit), raue Beckenoberflächen, Sonneneinstrahlung, Wasserchemismus (z. B. pH-Wert), Infektionen. Am Beginn stehen Durchblutungsstörungen im Bereich der Flossenperipherie oder mechanische Einwirkungen, gefolgt von einer Sekundärbesiedelung mit Parasiten, Bakterien oder Pilzen.

Symptome: Trübung und Anämie der Flossenränder, Rötung, Blutungen; Flossenerosion bis hin zum vollständigen Flossenverlust

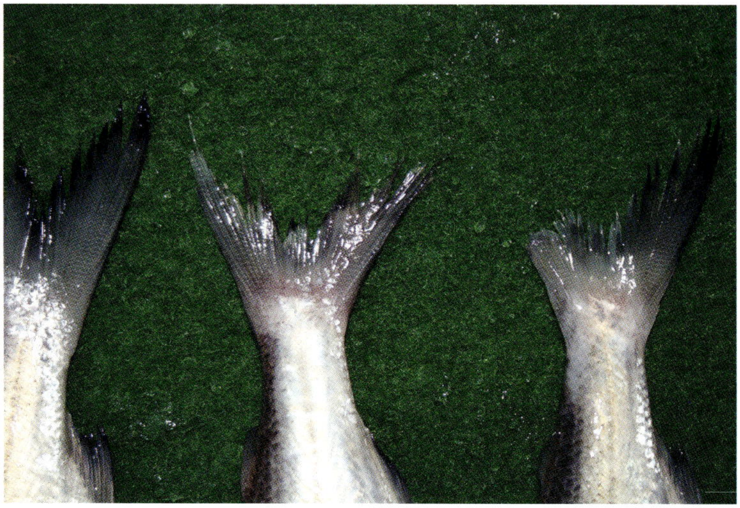

Coregonen; Schwanzflossen mit massivem Gewebeverlust

Regenbogenforelle; Entzündung der Rückenflosse bzw. Fettflosse

Bachforelle; Verkümmerung und Entzündung der Brustflossen
Foto: © Gerhard Käfel

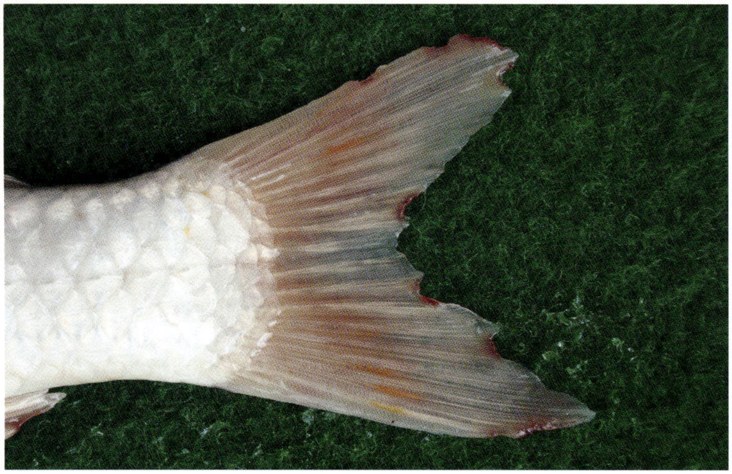

Koi; Entzündliche Einkerbungen am Schwanzflossenrand

Bachforelle; Entzündung und Nekrose im dorsalen Bereich der Schwanzflosse Foto: © Gerhard Käfel

5. SAUERSTOFFMANGEL, ERSTICKEN

Ursachen:

a) **Absoluter Mangel:** Der Gehalt von im Wasser gelöstem Sauerstoff (O_2) ist für Fische zu gering. Er entsteht, wenn der O_2-Verbrauch der Fische höher ist als der Eintrag. Als Faktoren kommen Haltungsfehler (z. B. hohe Besatzdichte, Überfütterung), starkes Algen- und Pflanzenaufkommen, organische Belastung des Wassers (O_2-zehrende Substanzen) in Frage.

b) **Relativer Mangel:** Behinderung der O_2-Aufnahme durch Funktionsstörungen der Kiemen (z. B. Schwellung, Nekrose).

Symptome: Erstickungsstellung, d. h. abgespreizte Kiemendeckel und aufgerissenes Maul.

Seesaiblinge: Erstickungsstellung, hochgradige Kachexie

Regenbogenforellen; Erstickungsstellung

6. BLAUER HECHT

Allgemeines: Biliverdin, eine nicht toxische Vorstufe zum Gallenfarbstoff Bilirubin, ist verantwortlich für eine Reihe von Grünfärbungen im Organismus verschiedener Tierarten. Unter den Fischarten ist v. a. der Hornhecht bekannt für seine grünen Knochen und Gräten.
Von den Autoren konnten an einigen österreichischen Seen Fälle vom sog. „Blauen Hecht" beobachtet werden. Für dieses Phänomen ist mutmaßlich eine physiologische Einlagerung von Biliverdin in das Kollagen verantwortlich.

Symptome: Grüner Ikterus, d. h. Blau- bis Grünfärbung von Geweben im Bereich von Kopf, Haut, Flossen und Organen.

Grüner Ikterus im Maulbereich

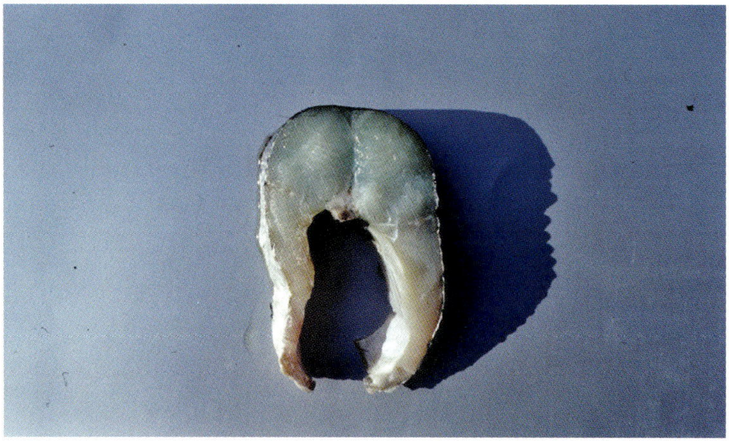

Grüner Ikterus in der Muskulatur

Grüner Ikterus in der Schwanzflosse

7. SCHUPPENSTRÄUBE

Abspreizen der Schuppen durch Ödeme im Bereich der Schuppentaschen. Kann als Symptom einer Infektionskrankheit (z. B. Fischtuberkulose) auftreten, aber auch als Zeichen eines osmotischen Ungleichgewichts (z. B. nach tiefreichenden Verletzungen der Haut oder bei Niereninsuffizienz).

Goldfisch; „Tannenzapfenfisch", Exophthalmus
Foto: © Oliver Hochwartner

Koi

8. BLÜTENSTAUB

Ein übermäßiger Eintrag von Pollen in Teiche oder andere Haltungseinheiten hat das Potenzial, Kiemenverklebungen vor allem bei kleinen Fischen zu verursachen. Zudem kann es zu Funktionsstörungen von Filteranlagen und einer damit einhergehenden Verschlechterung der Wasserqualität kommen.

Starke Blütenstaubbelastung in einem Karpfenteich

Fichtenpollenteppich auf der Wasseroberfläche des Mondsees

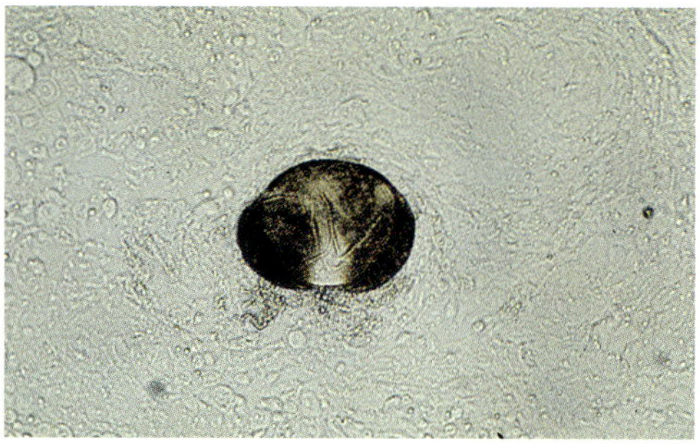

Pollenkorn einer Fichte, ca. 100 μm, mikroskopische Aufnahme

9. MIXTURA

HINWEIS: DIE FOLGENDE SERIE VON ABBILDUNGEN ZEIGT – SYSTEMATISCH EHER UNGEGLIEDERT – EINE FOTOKOLLEKTION VON KRANKHEITSBILDERN, DEREN ÄTIOLOGIE UNBESTIMMT BZW. UNGEKLÄRT BLIEB. VIELE DER ABGEBILDETEN VERÄNDERUNGEN BLIEBEN UNIKATE IN DER LANGJÄHRIGEN TÄTIGKEIT DES BILDAUTORS. DAS GILT AUCH FÜR DIE KRANKHEITSBILDER AB SEITE 173 (10. KURIOSA).

Karpfen; Effloreszenzen, fleckenartige Veränderungen (Maculae) auf der Haut

Karpfen; Effloreszenzen, Hautgeschwüre (Ulcera)

Regenbogenforelle; Effloreszenzen; derbe, wulstartige Hautwucherungen am Rücken, am Bauch und auf den Flossen

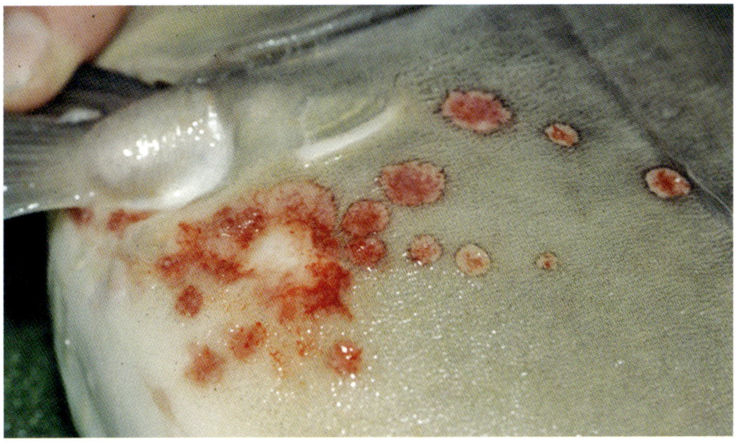

Derselbe Fisch; Detailansicht

Derselbe Fisch; Bauchbereich

Regenbogenforelle; Effloreszenzen, umschriebenes Hautödem mit kleinen Bläschen (Vesiculae)

Detailansicht

Detailansicht

Regenbogenforelle; physiologischer Magen (oben), hochgradige Füllung mit Sekret (Mitte und unten)

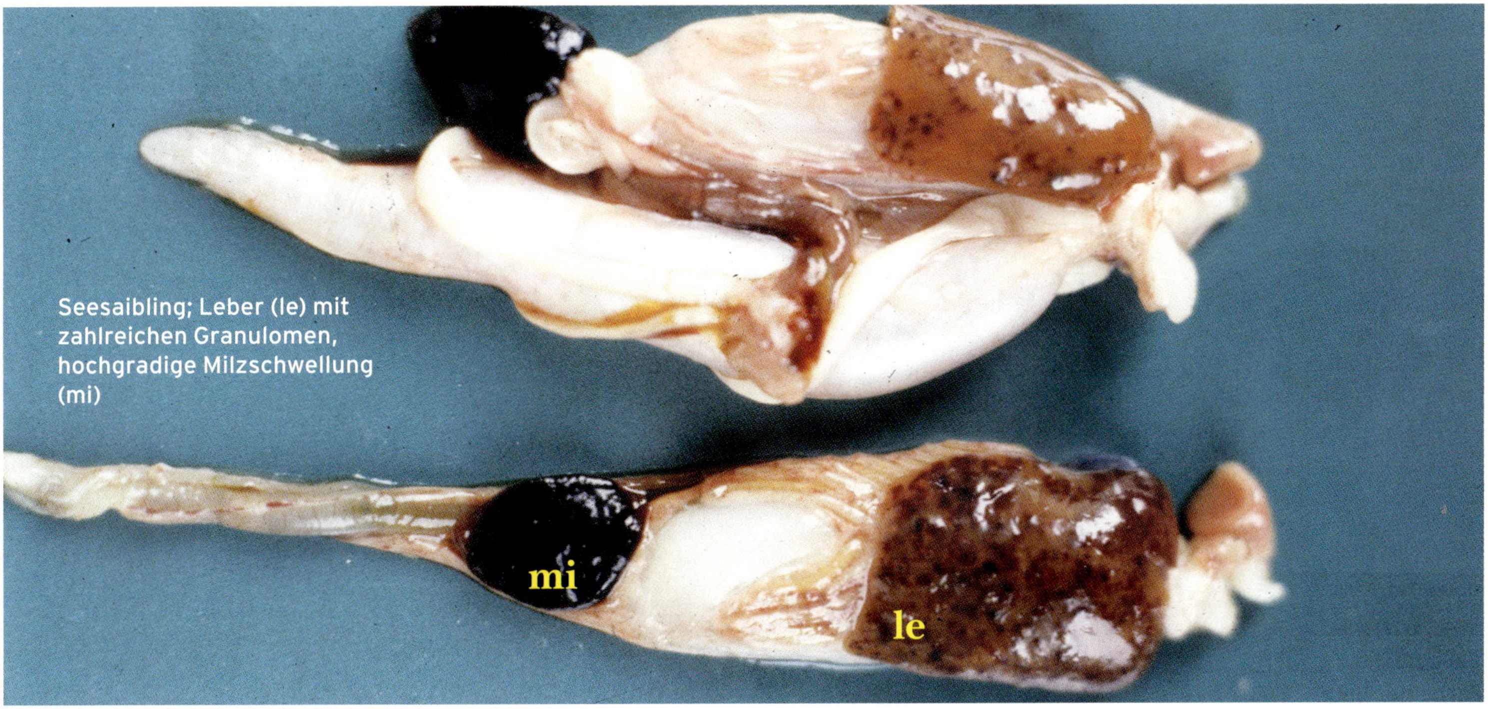

Seesaibling; Leber (le) mit zahlreichen Granulomen, hochgradige Milzschwellung (mi)

Rußnase; Auftreibung der Leibeshöhle durch vergrößerte Schwimmblase (siehe auch Glossar unter Transsudat)

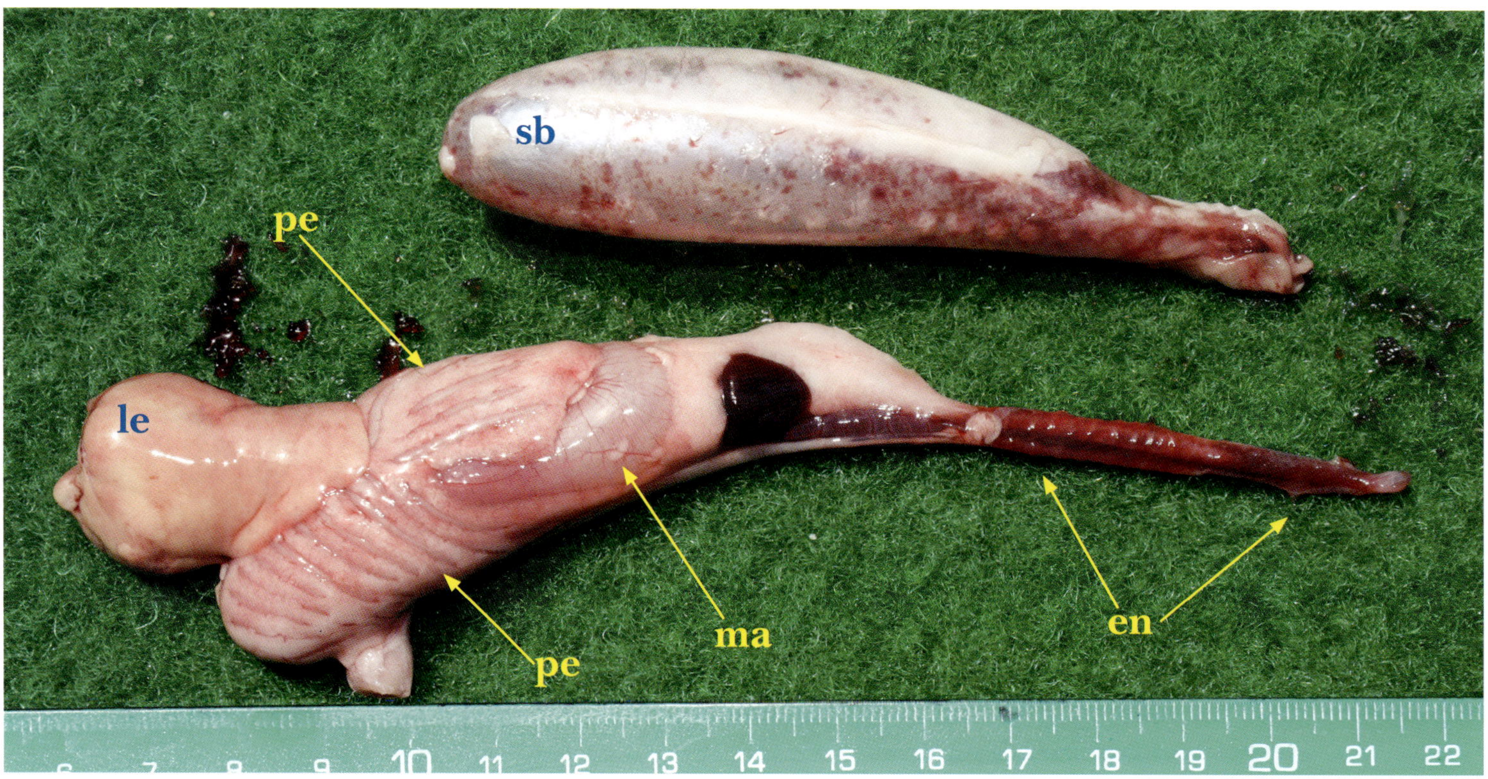

Seesaibling; hochgradige Schwimmblasenentzündung (sb), Enteritis (en), Peritonitis (pe), Magen (ma) mit Sekret gefüllt; die helle Farbe der Leber (le) ist bei Seesaiblingen physiologisch

Karpfen; caudale Auftreibung der Leibeshöhle durch Enteritis und Schwimmblasenentzündung

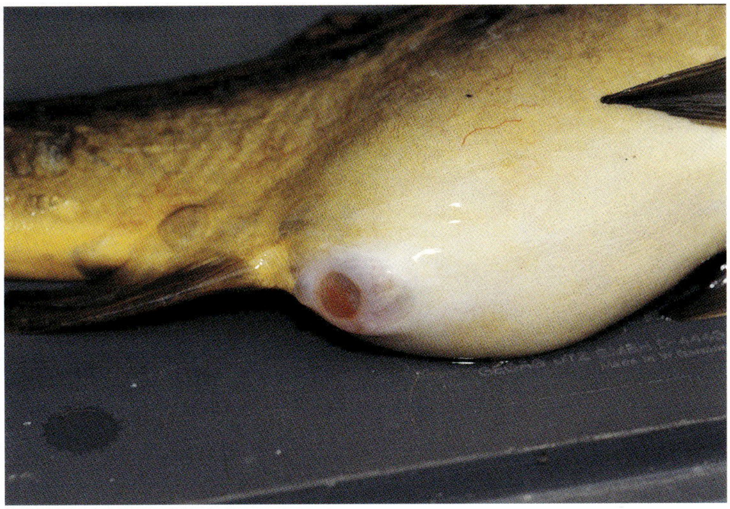

Derselbe Karpfen; entzündete Afterregion

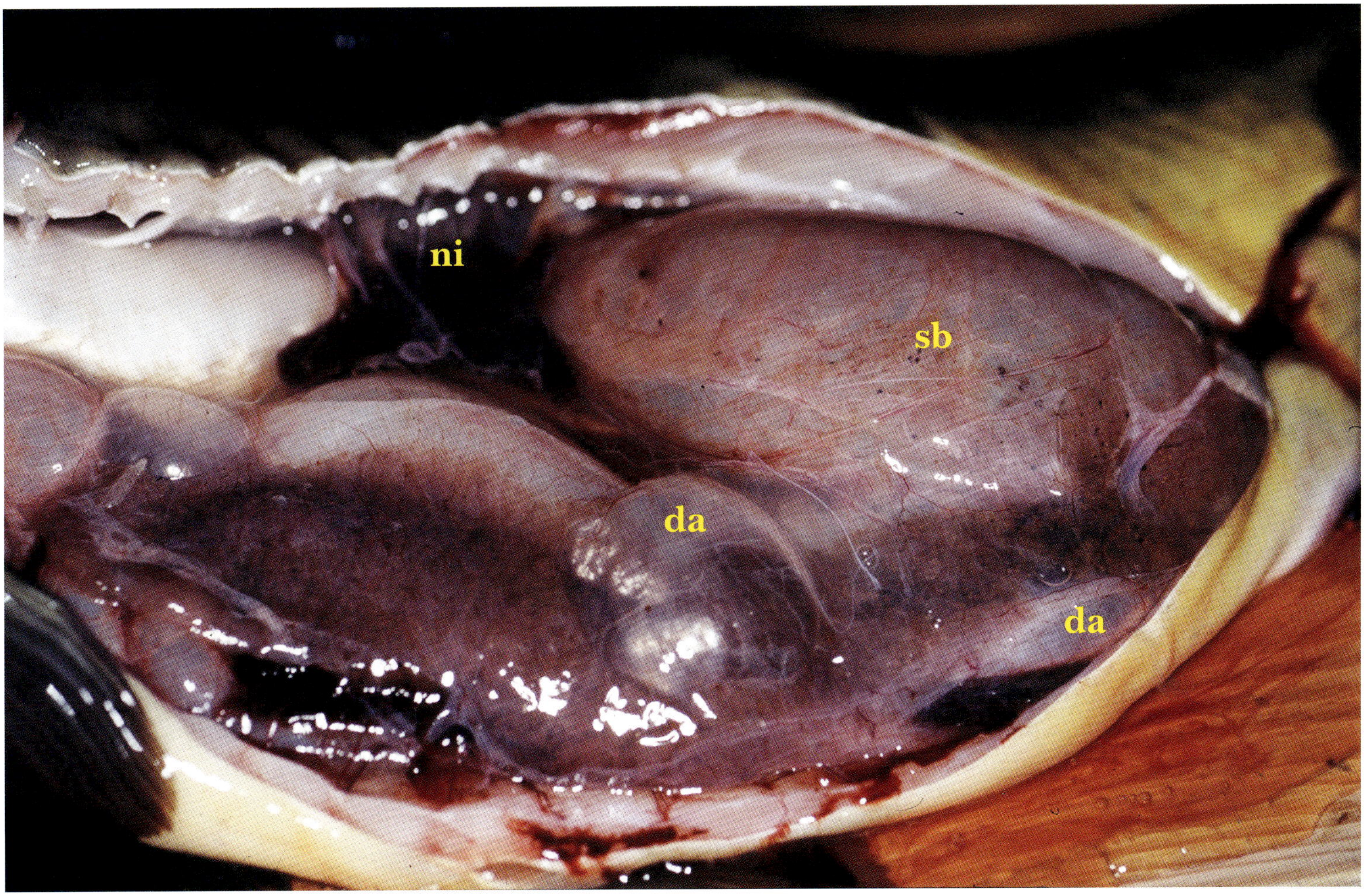

Derselbe Karpfen; Darmentzündung (da), Entzündung der caudalen Schwimmblasenkammer (sb); Niere (ni)

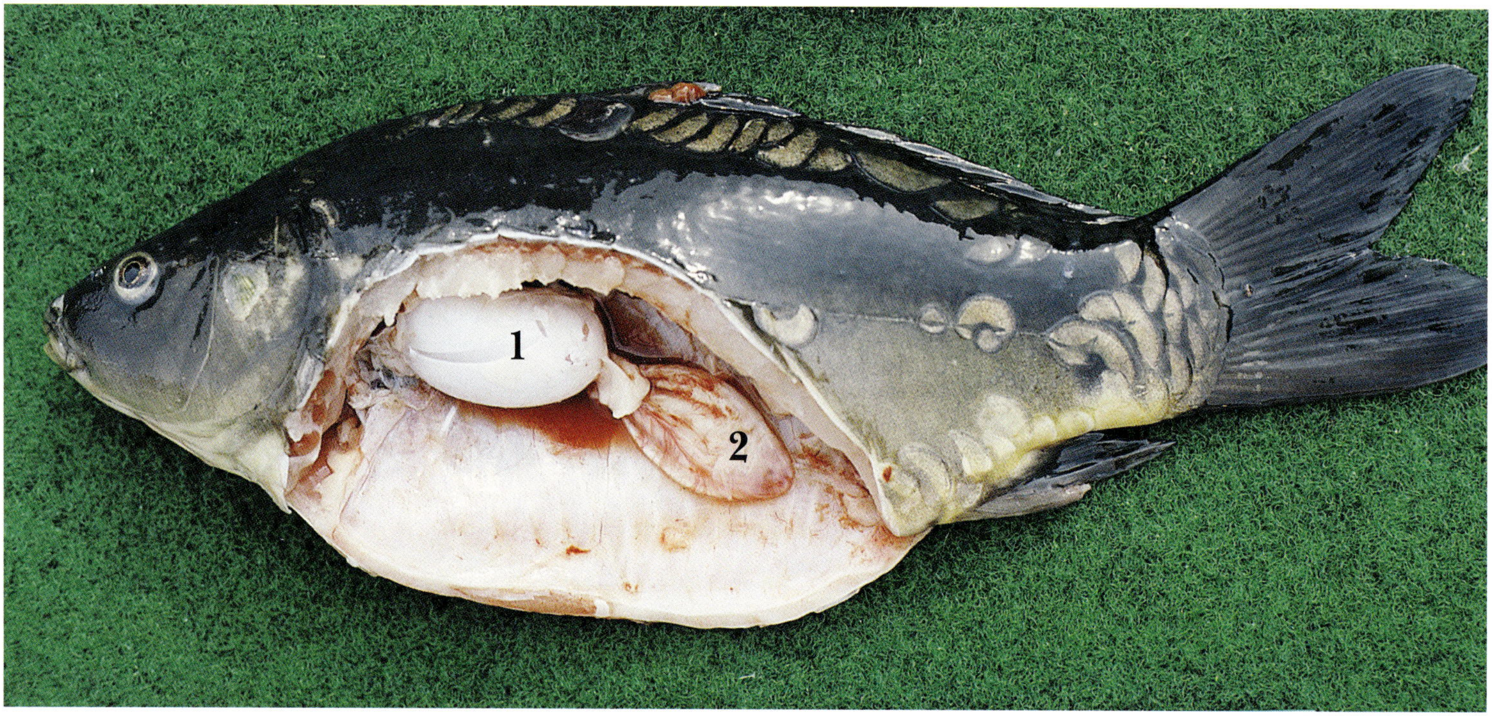

Karpfen; Entzündung der hinteren (caudalen) Schwimmblasenkammer (2), die vordere (craniale) Kammer ist intakt (1)

Karpfen; Schwimmblasenentzündung, a) beide Kammern mit ödematisierter Wand, b) die caudale Kammer ist kollabiert

10. KURIOSA

HINWEIS: SIEHE SEITE 167.

Regenbogenforelle; außergewöhnliche blaue Farbvariante, Wirbelsäulendeformation

Karpfen; seitliche Afteröffnung (Injektionsnadel), Seitenansicht

Seesaibling; Verlagerung und Tympanie der Schwimmblase nach Einschnürung durch ein Schwebnetz

Karpfen; seitlicher After (Injektionsnadel), ventrale Ansicht

Elritze, Kiemen; Aufspaltung der Primärlamellen; 16-fach vergrößert

Eier von Regenbogenforellen in einem Unterstrom-Brutrahmen; hochgradige Belastung der Eioberflächen mit mineralischen Schwebstoffen, Behinderung der Atmung und Exkretion (NH_3)

Regenbogenforelle, Dottersackbrut; Luftbläschen (Pfeile) blockieren den Schlund, nachdem die Brütlinge im turbulenten Zulauf danach geschnappt haben.

Bachsaibling; mit verschlucktem Frosch, rechts daneben eine Seeforelle und Froschreste

Regenbogenforelle; Zigarettenfilter im Magen

GLOSSAR

Abszess/Furunkel/Bibberbeule
Ansammlung von neutrophilen Granulozyten, Gewebsflüssigkeit, Blut, Fibrin und nekrotischem Gewebe in einer durch Gewebeeinschmelzung entstandenen Höhle (Abszesshöhle).

Adipositas
Fettsucht, Verfettung durch übermäßige Vermehrung von Fettgewebe.

adult
Synonym für erwachsen und bezeichnet insbesondere die Lebensphase nach Eintritt der Geschlechtsreife eines Organismus

Anämie
Blutarmut hervorgerufen durch Blutverlust, verminderter Bildung oder vermehrtem Abbau von Erythrozyten (rote Blutkörperchen).

Abszess: im Nackenbereich; Schleie

Adipositas: Goldfisch

Adipositas: derselbe Fisch; hochgradige Einlagerung von Fett in der Leibeshöhle

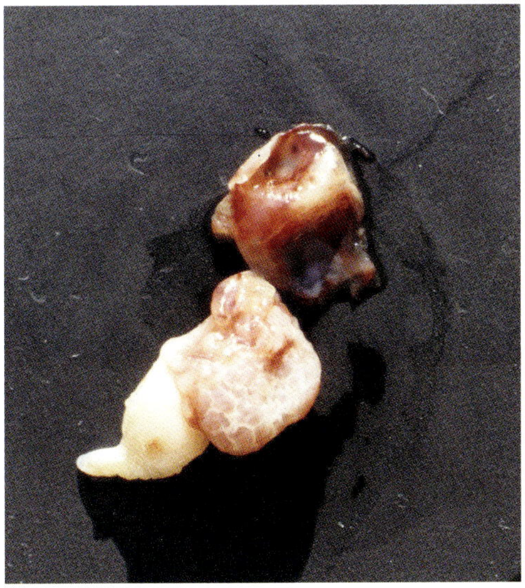

Adipositas: Herzverfettung; Koi

Anämie: blasse Kiemen; Regenbogenforelle

Apathie
Teilnahmslosigkeit, mangelnde Erregbarkeit und Unempfindlichkeit gegenüber äußeren Reizen

Ascites
Ansammlung von Flüssigkeit (z. B. Exsudat) in der Leibeshöhle.

Ätiologie
Ursache für das Entstehen einer Krankheit

Atrophie
Rückbildung eines Organs oder Gewebes durch raumfordernde Prozesse (z. B. durch Befall mit *Ligula* in der Leibeshöhle; Druckatrophie), Nichtgebrauch von Organen (z. B. Gonaden außerhalb der Laichzeit; Inaktivitätsatrophie) oder infolge Unterernährung (Hungeratrophie).

Carrier
Fische, die Krankheitserreger (Viren, Bakterien) beherbergen, aber keine Krankheitssymptome zeigen (latente Infektion); die Erreger können gelegentlich oder dauernd ausgeschieden und so übertragen werden.

Cypriniden
Karpfenartige Fische, z. B. Karpfen, Brachse, Aitel, Schleie

Copepoden
Copepoda (Ruderfußkrebse) besiedeln alle aquatischen Lebensräume. Für Fische sind sie wichtige Nährtiere, können aber auch Zwischenwirte für fischpathogene Parasiten oder selbst als Parasiten in Erscheinung treten. Zu den Copepoden zählen u. a. die Gattungen *Diaptomus* und *Cyclops* (Hüpferlinge).

Coregonen
Coregonus ist eine Gattung von Fischarten aus der Ordnung der Lachsartigen (*Salmoniformes*). Deutsche Trivialnamen sind u. a. Reinanken, Renken, Felchen, Maränen.

Dermatitis
Entzündliche Reaktion der Epidermis (Oberhaut) und des oberen Bereiches der Dermis (Lederhaut); vielfältige Ursachen.

Effloreszenzen
Formen pathologischer Hautveränderungen, z. B. umschriebene Farbveränderungen (Macula = Fleck), Verdickungen (Papel, Nodulus = Knötchen), Bläschen (Vesicula), Geschwür (Ulcus), Abschürfung (Erosion)

Embolie
Gefäßverschluss durch Verstopfung eines Blutgefäßes, z. B. durch Blutgerinnsel, Fetttröpfchen, Luftblasen oder Parasitenstadien.

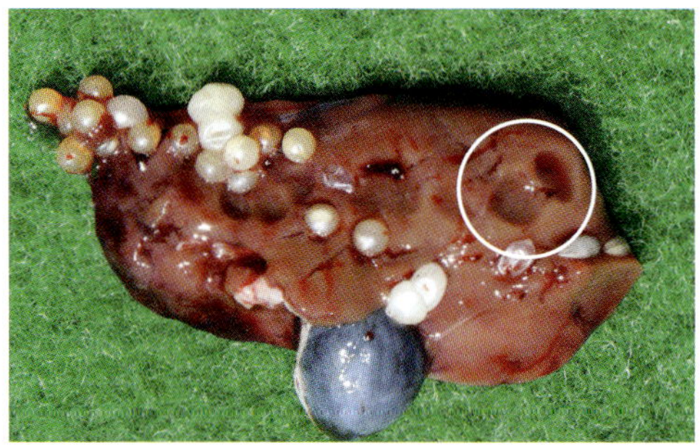
Atrophie: Druckatrophie in der Leber durch nicht resorbierte Eier; Bachforelle

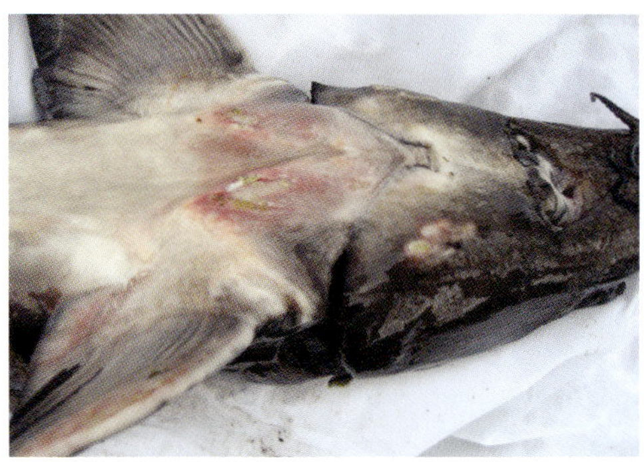
Effloreszenzen: Abschürfung (Erosion); Stör

Dermatitis: Hautrötung; Karpfen

Dermatitis: Hautrötung; Koi

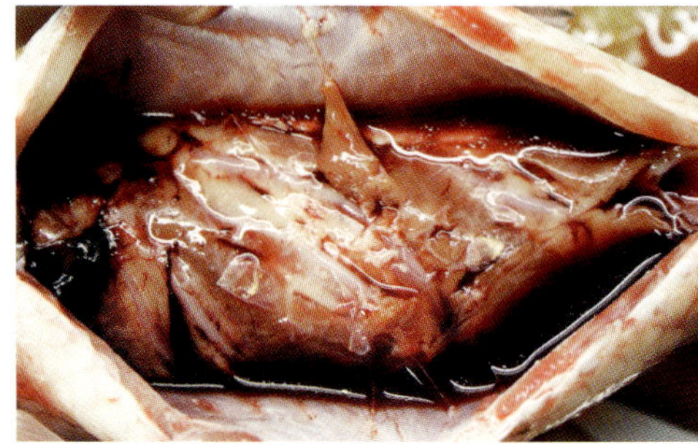
Ascites: blutiges Exsudat; Koi

Embolie: Kiemen, Embolie mit Blutstau und peripherer Anämie als Folge; Regenbogenforelle

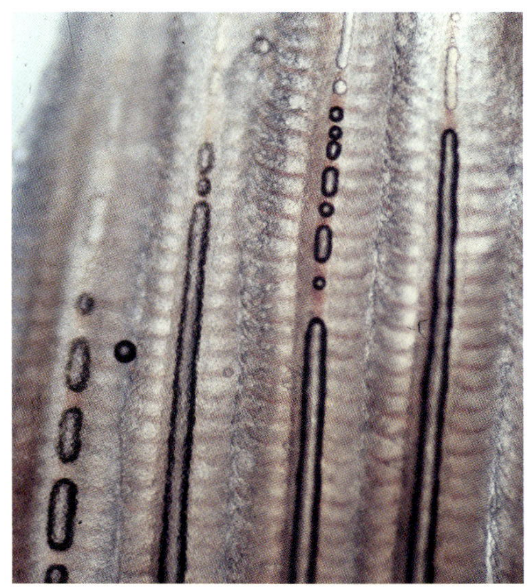
Embolie: Gasembolie in den Kiemen; 25-fach vergrößert; Regenbogenforelle

Enophthalmus
Ernährungs- oder krankheitsbedingtes Einsinken des Augapfels in die Augenhöhle.

Enteritis
Darmentzündung; ist auch der Magen betroffen, spricht man von Gastroenteritis.

Entzündung
Abwehrreaktion des Organismus bzw. seiner Gewebe gegen schädigende Reize mit dem Ziel, diese zu beseitigen bzw. ihre Auswirkungen zu beheben. Die lokalen Entzündungszeichen sind z. B. Rubor (Rötung), Tumor (Schwellung) und Functio laesa (Funktionsstörung).

Epithel
biologisch-medizinische Sammelbezeichnung für Deck- und Drüsengewebe. Das Epithel ist neben Muskel-, Nerven- und Bindegewebe eine der vier Grundgewebearten.

Exsudation
Entzündungsbedingter Austritt von Flüssigkeit und Zellen aus den Blut- und Lymphgefäßen (Exsudat); siehe auch Ascites.

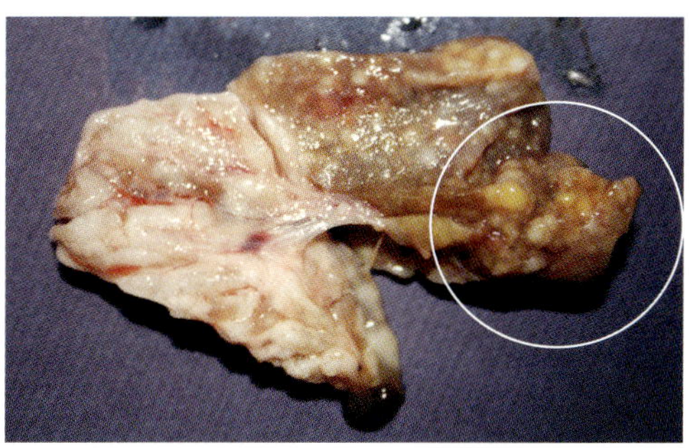

Granulom: zahlreiche Granulome in der Leber; Regenbogenforelle

Haut- und Kiementrübung: hochgradige Hauttrübung durch Ektoparasiten; Koi

Exophthalmus
Glotzaugen; Hervortreten des Augapfels bedingt durch ein Ödem.

Faktorenkrankheit
Ungünstige exogene Faktoren (z. B. mindere Wasserqualität, Überbesatz, Fütterungsfehler, mangelnde Hygiene, Licht) bzw. endogene Faktoren (z. B. Laichzeit) wirken als Stressoren, reduzieren die Widerstandskraft gegenüber fakultativ pathogenen Krankheitserregern, stören so das seuchenbiologische Gleichgewicht und führen zur Krankheit.

Granulom
Krankhafte körnchen- oder knötchenartige, zellreiche Wucherung in Haut, Schleimhäuten oder Organen als Reaktion des Organismus auf infektiöse oder chronisch-entzündliche Prozesse.

Hämorrhagie
Blutung; Blutaustritt aus Blutgefäßen oder -kapillaren; unterschieden werden Durchtritts- (Diapedese-) oder Zerreißungs- (Rhexis-)blutungen; siehe auch Petechien.

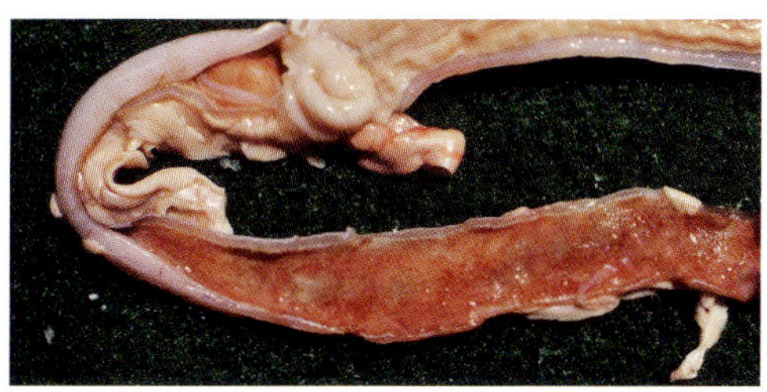

Enteritis: Rötung der Darmschleimhaut; Hecht

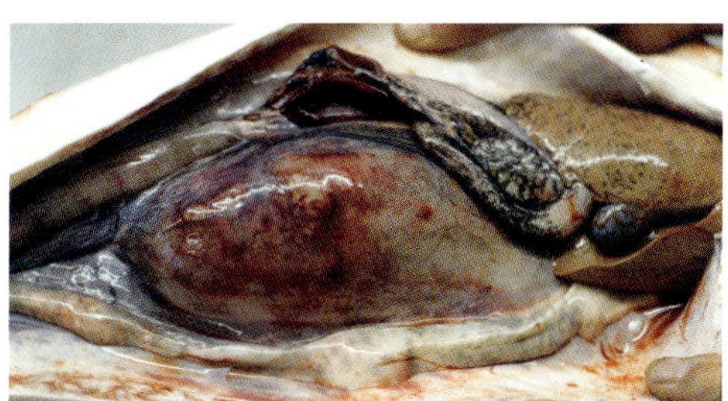

Entzündung: Rötung und Schwellung der Schwimmblasenwand; Stör

Haut- und Kiementrübung
Weißlich-graue, milchige Verfärbung der Fischhaut oder der Kiemen durch vermehrte Schleimbildung.

Hyperämie
Blutüberfüllung eines Organs.

Exophthalmus: Flussbarsch

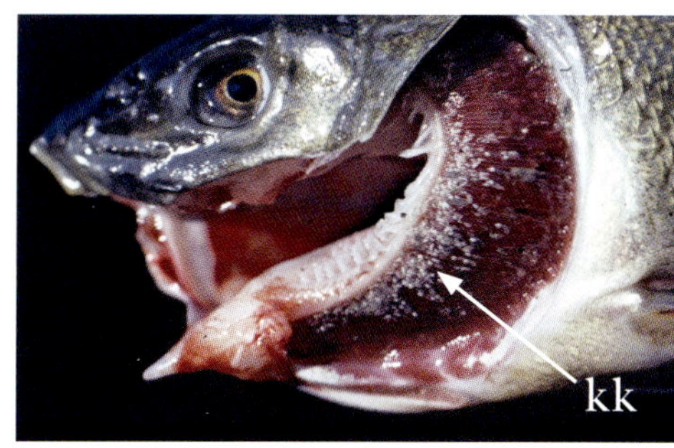

Enophthalmus: hochgradiger Befall mit Kiemenkrebschen (kk); Schleie

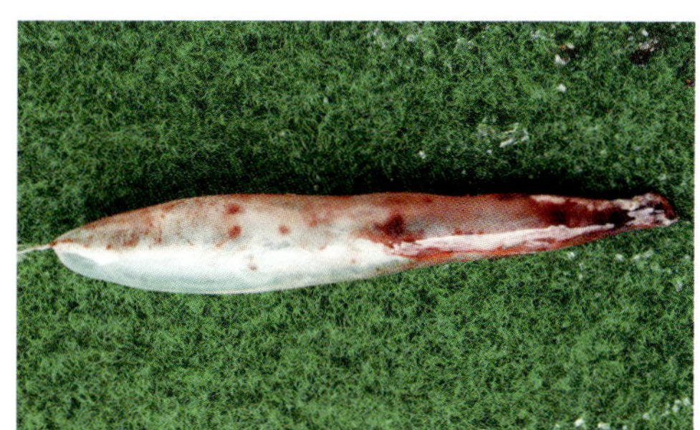

Hämorrhagie: flächenhafte Blutungen in der Schwimmblasenwand; Regenbogenforelle

Hyperpigmentierung
Lokalisiert oder generalisiert auftretende verstärkte Färbung der Haut bzw. anderer Organe durch verstärkte Einlagerung des Pigments Melanin.

Hyperplasie
Vergrößerung von Geweben oder Organen durch Zunahme der Anzahl der Zellen.

Hypertrophie
Vergrößerung von Geweben oder Organen durch Zunahme des Zellvolumens bei gleichbleibender Anzahl der Zellen.

Ikterus
Gelbsucht; Symptom verschiedener Störungen der Gallenfarbstoffausscheidung, z. B. durch verstärkte Auflösung von Erythrozyten (roten Blutkörperchen), Leberschädigungen oder Gallenstau. Tritt Bilirubin, ein Abbauprodukt des Hämoglobins (Blutfarbstoff), in Blut und Gewebe über, kommt es zur Gelbfärbung.

Hyperpigmentierung: Ansammlung von Melanin bei Befall mit Metacerkarien (Schwarzfleckenkrankheit), Afterflosse; Brachse

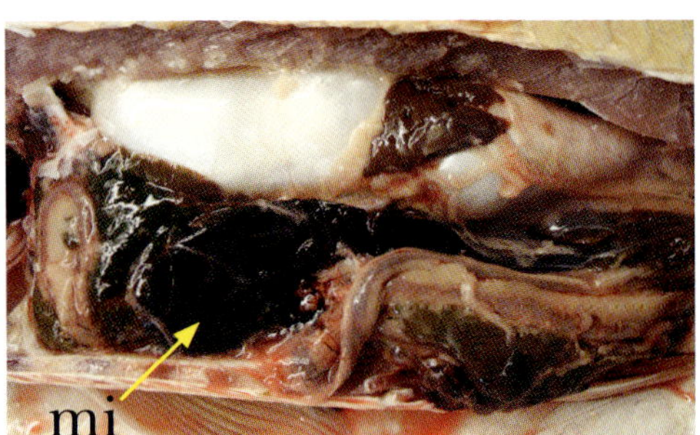

Hyperplasie: Milzschwellung (mi); Koi

Kachexie
Magersucht; schwere Form der Abmagerung mit allgemeiner Atrophie besonders der Muskulatur und des Viszeralfettes.

Kommensalen
Artverschiedene Organismen, die zusammenleben; diese Wechselbeziehung nützt einer Art, ohne die andere zu schädigen.

Korpulenzfaktor
Auch Konditionsfaktor; ermöglicht eine Aussage über den Ernährungszustand eines Fisches; errechnet sich aus Körperlänge und Gewicht.

Ikterus: Hecht

Kachexie: schlechter Ernährungszustand (KF = Konditionsfaktor); Regenbogenforelle

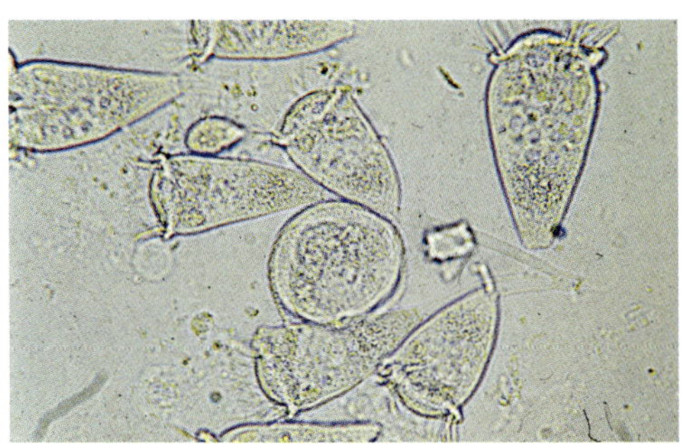
Kommensalen: Ciliaten (*Epistylis* sp.) auf der Haut, 160-fach vergrößert

Laichausschlag
Von der Epidermis gebildete und von einer Hornschicht überzogene weißliche Knötchen auf der Körperoberfläche, z. B. bei manchen männlichen Cyprinidenarten.

latent
Ohne Symptome verlaufende Infektionskrankheit; monate- bis jahrelange klinisch stumme Phase.

Migration
Bewegung von Zellen (z. B. Leukozyten/weiße Blutkörperchen durch Gefäßwände) oder Fremdkörpern im Organismus.

Laichausschlag: Perlfisch

Laichausschlag: Schuppe; 25-fach vergrößert; Hasel

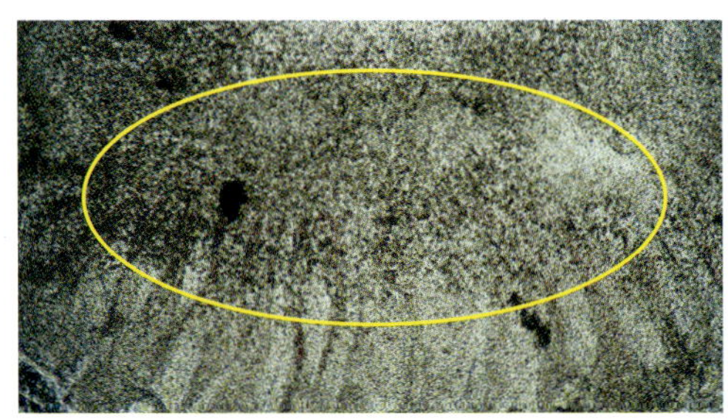
Migration: Zellmigration, hochgradige Kiemenschwellung mit massenhafter Einwanderung von Entzündungszellen, 40-fach vergrößert; Regenbogenforelle

Nekrose
Örtlicher Zelltod/Gewebstod im lebenden Organismus.

Ödem
Schwellung infolge Ansammlung wässriger Flüssigkeit, die aus Lymph- oder Blutgefäßen stammt, in den Gewebszwischenräumen.

Papillom
Vom Epithel ausgehender, meist gutartiger Tumor mit warzenartigem Aufbau.

perakut
sehr akut

Peritonitis
Entzündung des Bauchfells.

Petechien
Kleinste punkt- oder kommaförmige Blutungen aus den Kapillargefäßen.

Proliferation
Wucherung eines Gewebes durch Zellvermehrung im Rahmen einer Entzündung.

Reflexe
Unwillkürlich und regelhaft ablaufende Vorgänge als physiologische Reaktion eines Erfolgsorgans auf einen adäquaten Reiz. Beispiel: Augendrehreflex: Bei Drehung um die Längsachse versuchen gesunde Fische durch Änderung der Augenstellung die physiologische (waagrechte) Blickrichtung beizubehalten.

Salmoniden
Lachsartige Fische, z. B. Regenbogenforellen, Bachforellen, Saiblinge, Äschen, Huchen, Coregonen

Scolex
Bandwurmkopf

Septikämie/Sepsis
Blutvergiftung; Allgemeininfektion mit Krankheitserscheinungen als Folge von permanentem oder periodischem Eindringen von Mikroorganismen in die Blutbahn. Beim Fisch v. a. durch Bakterien (Bakteriämie) und Viren (Virämie).

Nekrose: hochgradige Nekrose des Kiemengewebes; Karpfen

Ödem: Schuppensträube und Exophthalmus; Koi

Papillom: Barbe

Proliferation: Nierenschwellung; Bachsaibling

Reflexe: Koi in aufrechter Lage; Augenstellung Foto: © Oliver Hochwartner

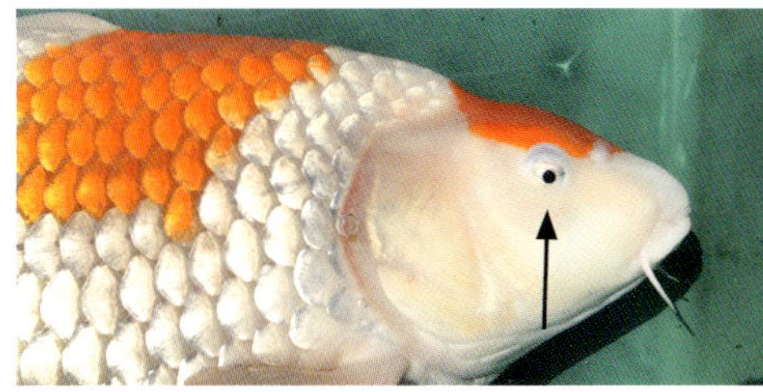

Reflexe: Augendrehreflex; das obenliegende Augen wird nach unten gestellt, das untenliegende nach oben; derselbe Koi in Seitenlage Foto: © Oliver Hochwartner

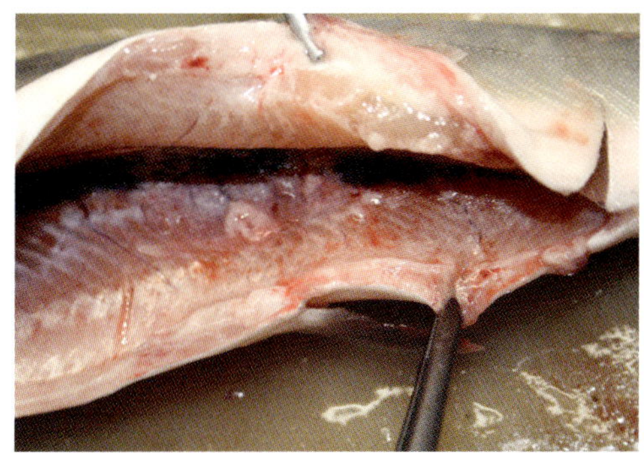

Peritonitis: entzündliche Rötung des Bauchfells; Seesaibling

Petechien: punktförmige Blutungen im Eingeweidefett; Regenbogenforelle

Symptom
Erkennbares Anzeichen einer Krankheit oder Verletzung; nicht alle für eine Krankheit als typisch beschriebene Symptome müssen vorhanden sein.
Werden Krankheitsanzeichen am lebenden Individuum festgestellt, spricht man von klinischen Symptomen.

Transsudation
Nichtentzündlich bedingter Austritt von Körperflüssigkeiten in Körperhöhlen und Gewebe (Transsudat).

Tumor
Örtlich umschriebene Zunahme eines Gewebsvolumens. Einerseits lokale Anschwellungen durch Entzündungen (z. B. Milztumor = Splenomegalie), andererseits gewebliche Neubildung (Geschwulst, Gewächs).

Ulcus
Geschwür; umschriebener Substanzdefekt der Haut oder Schleimhaut.

Vektoren
Überträger von Krankheitserregern. Man unterscheidet zwischen belebten V. (z. B. blutsaugende Parasiten) und unbelebten V. (z. B. Gerätschaften, Kleidung und das bei Fischen besonders relevante Wasser)

♀ und ♂
♀: weibliches Tier
♂: männliches Tier

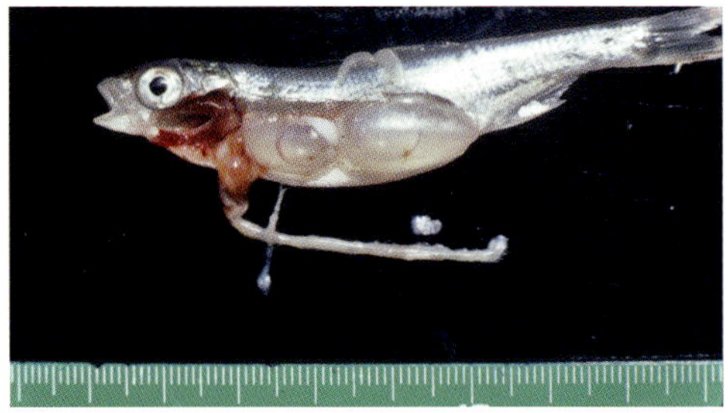

Transsudation: Transsudat in der Schwimmblase; Rußnase

Tumor: Knochentumor (Osteom); Hecht

Ulcus: großflächiges Hautgeschwür; Karpfen

LITERATUR-VERZEICHNIS

Amlacher Erwin: Taschenbuch der Fischkrankheiten, 6. Auflage 1992, Gustav Fischer Verlag

Austin B./D.A. Austin: Bacterial Fish Pathogens, 4rd Edition 2007, Springer

Baur Werner H./Grit Bräuer/Jörg Rapp: Nutzfische und Krebse, 3. Auflage 2010, Enke Verlag

EAFP, abstract books: International Conferences, ab 2009

EAFP, Tagungsbände: Gemeinschaftstagungen der Deutschen, Österreichischen und Schweizer Sektion, ab 2006

Hochwartner Oliver/Elisabeth Licek/Thomas Weismann: Das ABC der Fischkrankheiten, 2008, Leopold Stocker Verlag

Hoffmann Rudolf W.: Fischkrankheiten, 2005, Verlag Eugen Ulmer Stuttgart

Lechleiter Sandra/Dirk Willem Kleingeld: Krankheiten der Koi und anderer Gartenteichfische, 3. Auflage 2005, Verlag Eugen Ulmer

Pschyrembel: Klinisches Wörterbuch, 263. Auflage 2012, Walter de Gruyter Verlag

Reichenbach-Klinke H.-H.: Krankheiten und Schädigungen der Fische, 2. Auflage 1980, Gustav Fischer Verlag

Roberts Ronald J./Hans-Jürgen Schlotfeldt: Grundlagen der Fischpathologie, 1985, Verlag Paul Parey

Schäperclaus Wilhelm: Fischkrankheiten, 4. Auflage 1979, Akademie Verlag Berlin

Untergasser Dieter: Krankheiten der Aquarienfische, 2. Auflage 2006, Franckh Kosmos Verlags GmbH & Co. KG

DANK

Wir bedanken uns bei allen, die uns beim Zustandekommen des vorliegenden Buches unterstützt haben. Allen voran dem Stocker Verlag, insbesondere Frau Mag. Heike Pekarz, die Interesse für unsere Buchidee gezeigt hat und sich mit einigen z. T. coronabedingten Terminverschiebungen arrangieren konnte. Weiters gilt unser Dank Frau DI Karin Ch. Taferner, die uns in der fortgeschrittenen Phase betreut hat und stets bemüht war, unsere Vorschläge und unser Bildmaterial entsprechend umzusetzen.

Wie bereits beim „ABC der Fischkrankheiten" wollen wir uns auch bei unseren jeweiligen Angehörigen bedanken, die viel Verständnis für die während der Arbeiten am Buch karg bemessene Freizeit aufbrachten.
Auch diesmal bedankt sich das Autorenteam gegenseitig für die angenehme, teils heitere Stimmung während der Zusammenarbeit. Obwohl diesmal vor allem mithilfe von Skype und sich daraus ergebenden Pannen gearbeitet werden musste, haben uns Verständnis und Humor nicht verlassen – wie das Autorenbild von Christoph Licek (Seite 8) zeigt.